ポアンカレの贈り物

数学最後の難問は解けるのか

南みや子
永瀬輝男　著

ブルーバックス

装幀／芦澤泰偉事務所
カバーイラスト／朝倉めぐみ
本文イラスト／井上智陽
目次・扉デザイン／中山康子
本文図版／さくら工芸社

まえがき

人を好きになったら、その人の喜ぶものをあげたいと思うのは、自然な気持ちかもしれません。

数学科の学生である立花君も、好きになった女子学生、弥生に、一つのプレゼントをしました。でもこのプレゼントは、花束や、チョコレートではありませんでした。ですから、これをもらった弥生の方もちょっと大変でした。「あら、うれしいわ」とばかり、にっこりしているわけにはいかなかったのです。

どう大変だったかは、この本に詳しく書いてあります。

「数学なんて難しくて」とか「数学は苦手なんだ」などと言わずに、この本を読んで下さい。そうして、弥生と一緒に、立花君のくれたプレゼントの正体を探る旅に、出かけてみませんか。それは数学という学問に対する、あなたの印象を変える体験になるかもしれません。

この本はまた、世紀の難問である「ポアンカレ予想」についての、やさしい解説書になっています。四次元の幾何学や、「ポアンカレ予想」について関心を持っている読者に、初歩的な知識を得ていただけることができると思います。

これから、ポアンカレ予想に挑戦してみようと考える、若い読者のために、まずはじめにどんなことを考えたらいいかについて書いてあります。その次に何を考えるかは、この本を読んだ、若い人たちのセンスに待ちたい気がします。全く新しい図形の見方が、それこそ「コロンブスの卵」のごとく、世紀の難問を解決する力になるかもしれないからです。

この本は、全体が四章からなっていて、第四章のあとには、永瀬の手による短い「あとがき」が付いています。この部分は四章までとは独立したスタイルで書かれています。書き手が違っているばかりでなく、内容も、ちょっと違っています。

その理由は、「ポアンカレ予想」という問題が、百年を経て今なお「未解決である」という事情に関係があります。

数学者は、いつまでも未解決な問題の場所で、足踏みしているわけにはいかなかったのです。彼らは、未解決な問題は、未解決なまま、三次元の閉多様体についての研究を進めていきました。その一つの道筋が、「あとがき」の部分に紹介されているのです。

この部分はまた、独立した解説書として読むこともできます。ポアンカレ予想や、三次元多様体の分類にかなり進んだ知識を持っている読者に対して、その分野についての最新の情報を提供することができるでしょう。

その意味では、「あとがき」の部分はやや、専門的かもしれません。しかしここを読み進むと、渓流に取り残された大岩のごとくに偉容を誇る「ポアンカレ予想」の全体像が見えてくると思います。この巨岩の周りに渦巻く奔流は、未知の世界を探究しようという、数学者達の情熱に他なりません。

私は、この奔流が、さしもの大岩をも打ち砕く日のあることをひそかに願うものです。また、奔流の先が、幾何学に限らず、数学界の多岐の分野における「いま」につながっていることも指摘しておきたいと思います。

このしぶきの清冽さを、額や頬に感じた読者が、自分もこの清流を泳ぎわたってみたいと夢見ることがあるとしたら、すばらしいことだと思います。

二〇〇一年二月

南みや子

目次

はじめに　5

第1章　立花君がくれた　11

第2章　立花君が消えた　61

第3章　なぞの多様体　113
第4章　多様体を解明する　157
あとがきにかえて
ポアンカレ予想に対するハーケンの戦略　252
参考図書　255
索引

第1章　立花君がくれた

立花君がくれた

「僕が実現した多様体だよ。パイワンが消えてるけど、三次元のスフェアと同相じゃない。とてもとても貴重なものなんだ。だから君にあげる」

立花君はそう言って、弥生の胸元にその物体を押しつけると、よたよたするような足取りで向こうへ行ってしまった。

これはいつものことだが、立花君の言うことは、弥生にはもうひとつ分からない。だから彼が近づいて来るたびに、いつも弥生は身構えてしまう。彼の「言葉」をつかまえようという意識が働くと、つい、体が硬くなってしまうのである。

さっきの彼の言葉にだって、分からないところがいっぱいある。「タヨータイ」って何のことだろう。スフェアというのは確か、地球儀のイミだよね。

「どうそう」というのは何の事かなあ。漢字は思いつきそうだけど、だからといって意味が通じるわけではない。それと、そうそう「パイワン」というのもあったっけ。

弥生はなんだかお腹がすいてきた。立花君の言葉によって、食欲が刺激されるというのは珍しい。ちょっぴりでも幸福な未来が見えてくるのは珍しい、ということだ。

学生食堂へ行くとマキコに会った。今日は彼女は、つんつん髪を、紫と緑と銅色に染めている。下はジーンズのミニで、黒地に、赤と黄色の花の飛んだシャツを合わせている。半分丈のブーツ、プカシェルのブレスレット。笑った目の下で、ラメ入りのお化粧がきらきらと光った。マキコも弥生にとっては「言葉の通じない」種類の人間かもしれない。もっともマキコの方でも、弥生のことをそう言っているだろう。いや言わないんだ。気にくわないと、ブリーチしたまつげを「ふん」とそらして、弥生を拒否するけれど、その次会えば、また、にやっとして寄ってくる。弥生も寄って行く。それだけで成り立つ関係って、あるもんだ。

時間が早いから、食堂は混んでいなくて、カフェテリヤの方の席も空いている。コーヒーとフライドポテトを持ってきて、マキコはつまみ始めた。

アップルパイを、と思ったけれど弥生はやめた。少し早いけど、ランチにすることにした。さっき立花君の言葉によって刺激された食欲が本物になって動いている。

国文科のマキコとどこで知り合ったのか、弥生はよく思い出せない。ただ、国文科で、現代文学専攻というので、親しみが持てた。どんな本を読んでいるのか、どんな作家が好きなのか、聞いてみようとしたがみんなだめだった。例のまつげを「ふん」とやる拒否に遭う。

ただ男の子にはやたらと詳しい。学内、学外を問わず、かっこいいのから、ワルっぽいのから、芸能人予備軍のような男の子達ともつき合いがあるらしい。

そこで弥生は、立花君のことを、ちょっぴり持ち出してみる。

「立花君って、知ってる？　あの、数学科の……」

マキコは、鼻の頭の筋肉を動かす、特別の笑い方をした。鼻の先に引っ張られて、目元が動く。そういうときは、目から笑いが結晶みたいになってこぼれてくる。機嫌が良いしるしである。

「弥生、あんたって、まじめだけどさ、男の趣味はあんまり良くないんじゃないの？」

「そういう意味じゃないのよ」と、ムキになって弥生は反論する。しかし、だめである。マキコの笑いは、完全に弥生のしっぽを捕まえてしまった、という笑い方である。

「そんなんじゃないんだったら」と弥生は今度は、自分の心に向かって言った。しかし、何だか少し不安になってきた。

立花君と知り合ってから、弥生は確かに耳が良くなった。犬のように、ピンと立ってきたのではないかしら、私の耳、と思うこともある。

それは弥生が、立花君の口から出る言葉を正確にとらえようと努力するからである。ただし音として正確にとらえようとしているのである。意味が通じないから、せめて音として正確にとらえようとしているのである。そうすれば後になって本当の意味が分かる日があるかもしれないと思うからである。

立花君は、日本語を用いて、外国語をしゃべっている人である。なまじ単語の意味が分かる言葉があるから、よけい始末に悪い。弥生の想像力を、あっちこっち引っ張り回すからである。そのくせ、出来上がったイメージを総合しようとすると、何にも見えて来なくなる。へとへとに疲れる気のすることもある。

しかし、今日という日、弥生に分かっていることが一つだけある。それは立花君が何か「大切なもの」をくれたという事実である。

それだから少々心が重い。そんな大切なものをもらういわれはないと思うからである。もしも高価なものなら、お返ししなければならないとも思う。

弥生は肩にかついだリュックをひょいと前に回して、中身をのぞいて見る。例の物体がまだそこにはあった。

薄黒い、ただの石ころみたいなものである。「僕が実現した」と立花君は言っていなかったろうか。それは夢を「実現する」とか、「実現された」映像とかいうときに使う、あの「実現」だろう。何となく嘘っぽい感じがしないでもない言葉である。

「山師の玄関構え」という言葉が、ふっと弥生の頭に閃いた。「三百代言」という言葉が続いて出てくる。どちらも、一緒に暮らしているおばあさんが、時々、口にしている言葉である。

それにしても、どうして、こんな突拍子もない言葉が頭に浮かんだのだろうか。今日、立花君のくれた物体の奇妙さと、日頃、立花君の口からもれる言葉の不可解さによってである。

根付

このところ、弥生には欲しいものがある。それは古い根付である。昔の武士や町人などが、財布や煙草入れの端っこに結びつけて下げていた飾りである。高価な石や、象牙で出来ていて、金銀の飾りのあるものもある。

実は根付が一つ、身近にある。だけど、それを勝手にさわったり、バッグの中に入れて、好きなときにながめたり出来ない事情がある。マロードのものだからである。

弥生のうちは昔、旅籠《はたご》屋をやっていたそうだ。昔の旅人の忘れ物や、宿賃のかたとして置いていった品物が、今でも葛籠《つづら》の中にとってある。

印籠《いんろう》や、飾りを施した矢立や、ぼろぼろの袋に入った笛や、能面みたいなものもある。その中に根付もある。青い石で出来ていて、よく見ると何かが彫ってある。一本角をはやした小鬼である。手を上げて踊っているようでもあり、「まいった」という格好をしているようでもある。

「これ、欲しい」と言ったら、「マロードのものだからだめだよ」と、おばあさんは言った。西洋のお話を読んでいた弥生は、おばあさんが「王子様」を待っているのかと思った。「マイロード」と好きなひとに呼びかける女の子の話を読んでいたからである。

そうではなくて、おばあさんの待っているのは「まれ人」である。たまたま泊まった旅籠屋に、自分の大切なものを置いていった、昔の旅人を待っているのである。

身近にあって、さわることも撫でることも、においを嗅ぐことも出来るのに、しかし、決して自分の物にしてはいけない物があるのは切ないことだ。うちにある小鬼の根付と弥生との関係がそれである。

だから弥生は、デパートで根付の展覧会があると見に行くし、修学旅行でお城のある町に出かけたときも、骨董《こっとう》屋さんをのぞいてみた。気に入ったのもあったけれど、結局は買わなかった。こづかいでは到底、買えない金額であったこともある。それ以上に、うちにある根付の存在が弥生のじゃまをする。お金で買えないものが身近にあると、値札のついたものの価値が、低く見えてくるのである。

あれを根付にすることは出来ないものかしら、と弥生は考える。さっきからずっと考えていたような気がする。昼間、立花君にもらったあの物体のことである。まだリュックの中に入っているのである。

弥生はリュックを前に回して、例の物体を取り出してみる。大きさは根付にはちょっと、大きすぎるような気もする。全体に、さえないネズミ色だが、赤紫と茶色に変色している部分は美しくないとも言えない。材質は石だと思うのだけれど、さわると指にからむようなねとねとした感触がある。鉱油を含んだような、やわらかい石で出来ているのかもしれない。

黒いすじで、模様のようなものが入っているのが透けて見えている。光の具合によってぼんやりしたり、また、はっきりしたりして、弥生を悩ませ続けている黒い模様である。

その模様が、石の下の方までつながっているのか、表面だけのものなのか、ひっくりかえしてのぞこうと思った途端、何かが指先でぐしゃりとつぶれた。石の下側の殻が破れたのである。

ゼリーのような何かが、破れたところからぶら下がり出ている。弥生はあわてて物体をひっくり返して、ぶら下がり出ようとしているゼリー状のものを中へおさめた。

ゼリー状の物質と共に、何かがぶら下がり出ようとしているのを、弥生は見てしまった。白い、小さい、一見、瀬戸物か、骨で出来ているような物体である。

「そいつ」は、今はゼリーの中におさまって、欠け落ちた石の殻の割れ目の底で揺れているのが見える。

白い小さい物体には、全体に、緑色のマス目が入っている。どこかで見たことある、と思った途端、「学校工作用」と印刷された、緑の文字が目についた。小学校時代、工作で使ったことのある、厚手の工作用紙である。全面に緑色のインクで、方眼が印刷されているものである。

その用紙でもって何かの立体を作って、石の殻の中に、押し込めてあるのである。立体の方は、何の形とも言いがたい変てこな形である。強いてたとえれば、貝殻か、耳の骨の形に似ているかもしれない。

弥生は例の物体を手のひらにすくうように持つと、庭に出ていった。だらだらと庭を下りて行くと、米や梅干しをしまっておく小さな物置がある。その向こうには、今は古いものをしまっておく物置になっている、昔の倉のなごりがある。

倉の脇には、隣家との地ざかいに、石が積んである。その石は、もう壊してしまった隣家の倉の石組みの一部でもある。石組みの一部だけが残っていて、これが弥生のうちの倉の礎石との間に、狭い通路を作っている。通路の上側にも石が積んであるから、トンネルのような形になっている。

弥生は石組みの一部が引っ込んで、棚のようになっている場所へ、立花君からもらった物体をそっと置いた。

パン式計算方法

次の日曜日、母方の祖母のうちへ行ったら、いとこの信吾がいた。信吾とは、母親同士が姉妹という関係である。

今は商人になっている、古い旅籠屋の息子と結婚したのが弥生の母なら、商社マンと結婚した叔母の方は、海外のいろいろな国で生活を持つことになった。

信吾は、両親と一緒に、海外で暮らしていたこともあるし、一人で日本の学校へ通っていたこともある。日本にいるときは、母方の祖父母が、彼の生活の面倒を見ていた。

信吾という男の子が便利な点は、二年間だけ先に人間をやっているので、ちょっぴりだけ多く、いろいろな事を知っているという点である。弥生が今、つまずいているところは、信吾にもつまずきそうになった覚えのあるところだし、つまずかなければないで、弥生のために何か言ってくれる。その一言で、ああそうか、と気が付くこともある。

信ちゃんて、頼りになるなあ、と初めて実感した日のことを、弥生はまだはっきりと覚えている。

小学校で、分数の計算を習ったときのことだった。前の時間にやり方を習って、その練習をしていたときのこと、一人の男の子が、遅れて教室に入ってきた。伴君である。

伴君はあんまり、学校に来ない子である。だから、遅れてきても「ああ、来たの」くらいにしか、みんなも思っていないみたいだった。

弥生もそうである。伴君にとって、学校へ来るということは大変な仕事らしい。だから騒ぎ立てたりしないで、そっと迎えてあげる方がいいと弥生は感じている。

ところが、黒板でやっていた練習問題のひとつに、伴君があたってしまったのである。担任の先生は、その日の日付と、出席番号とが一致した人から順にあてる人である。

その日は八日だったから、まず八番の人があたり、次に十八番の人があたった。十八番が伴君だったのである。

伴君があたったのはこんな問題だった。

$$\frac{1}{2}+\frac{1}{3}$$

そうして、黒板に書いた伴君の答えはこうだった。

$$\frac{1}{2}+\frac{1}{3}=\frac{2}{5}$$

「変じゃないの、その計算?」と先生は言った。まわりのみんなは笑った。伴君と同じようなやり方で答えを出している子まで笑った。

「こうでしょう?」と先生は言って「正しい計算方法」を説明し始めた。

「2でも3でも割り切れる整数で、一番小さいのは何かしら、伴君?」

伴君は、自分に質問されたのも気が付かない顔をしている。先生の質問は何だか、伴君の顔の前を素通りしてしまったような感じである。また、誰かが、くすくすと笑った。何人かが先生の質問の答えを口に出して言った。それを引き取るような形で、先生も説明を進めていく。

しかし弥生には、いつまでも伴君の態度が心に引っかかった。先生は伴君のために説明しているると思うのに、かんじんの伴君はちっとも聞いていない。机の上で何かをいじくっているだけだ。

話を聞いていれば分かるし、分かれば、笑われないですむのになあ、それがじれったい。先生も悪くないし、そうかといって伴君が悪いとも弥生には思えない。ただ、何となく気の毒な二人だと思うのである。

それからもう一つ。伴君のした計算をみな笑ったけれど、あの計算方法のどこがいけないのだろうか。弥生には何だか合理的なようにも思える。

かけ算の時は、

$$\frac{1}{2}\times\frac{1}{3}=\frac{1}{6}$$

のようにするのである。

わり算の時は、割る数の分母と分子をひっくり返してかければいい。

$$\frac{1}{2}\div\frac{1}{3}=\frac{1}{2}\times\frac{3}{1}=\frac{3}{2}$$

だから、足し算引き算だって、分母と分子をそれぞれ足したり引いたりしたっていいような気がする。ある意味で自然な考え方のような気がするのである。

でも、伴君のやり方で計算すると、テストでは×をもらうし、みんなからは笑われる。

「どうして」が二つになって弥生の中でぐるぐる回り始める。

どうして伴君は、先生の言うことを聞けないのだろうか。どうして伴君の計算方法では、いけないのだろうか。

後半の疑問だけを、弥生は信吾にぶつける。前半の疑問には、弥生の感情が入っている。何がなんでも伴君の味方をしなくてはならないと思った、あのときの弥生の感情が入っている。それは何となく人に話すのが恥ずかしいような気持ちである。だからそれは、信吾の分野ではないと、弥生は片づけている。

「分数の意味を考えずに、計算のやり方だけをうのみにすると、そういう失敗をするかもね」と信吾は初めから、「バン式計算方法」には否定的である。

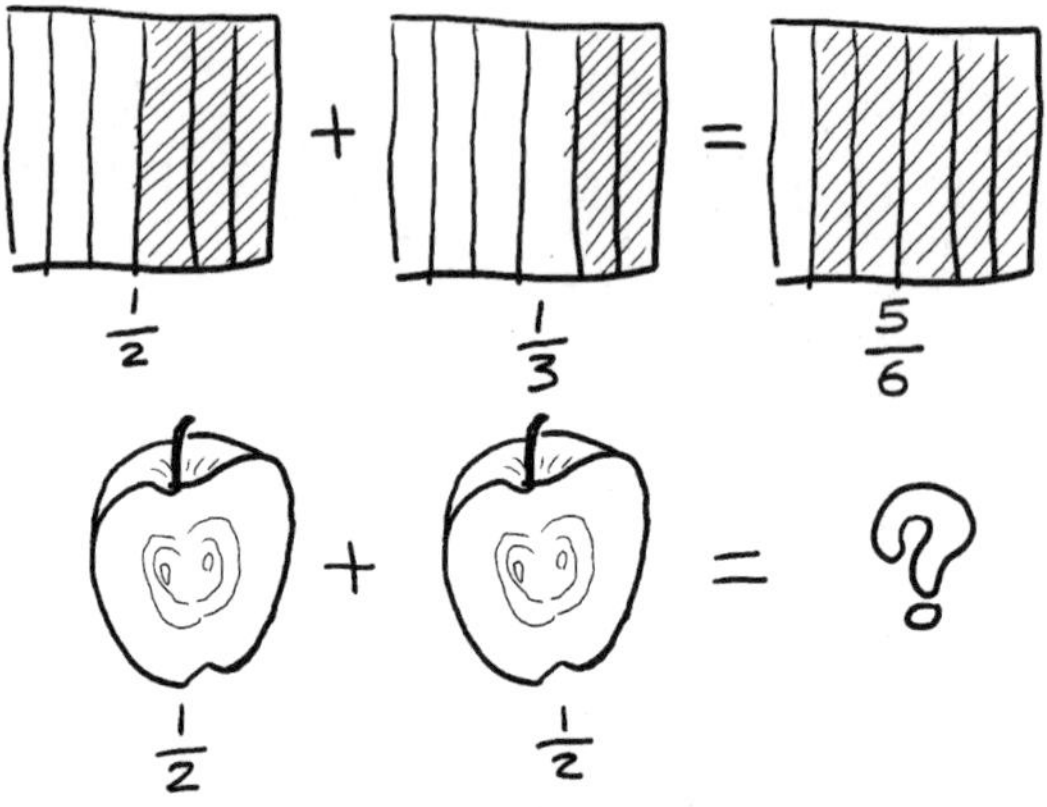

図1-1

信吾は手元にあったノートに、同じくらいの大きさの長方形を二つ書くと、これをおのおの縦に六等分した。

初めの長方形では、六等分した短冊の三つだけに斜線を引き、次の長方形では二つだけに斜線を引いた。二つの長方形を足し算の記号で結びつけると、

$$\frac{1}{2}+\frac{1}{3}$$

の計算が目に見えるようになった。そうするとこの計算の答えが、六等分した短冊の五つ分であることがよく分かる（図1-1）。

でもそれじゃ、どうして伴君の計算方法じゃいけないのかよく分からない。弥生はしつこく食い下がった。

どうしようもない、という顔をすると、信吾は今度は台所から、リンゴと包丁を持って現れた。弥生の目の前で、これを二つに割った。

「リンゴ一個の半分と、残りの半分とを足すといくつになるでしょう？」

「リンゴ丸ごと一個です」

「じゃあ聞くよ。$\frac{1}{2}+\frac{1}{2}$ はバン式計算法ではいくつになるの？」

「四分の二、あら二分の一になってしまうのね」

「そうです。リンゴ半分は、どこへ消えてしまったのでしょう？　バン式でやると、きみか僕のどっちかは、リンゴが食べられなくなってしまうというわけ」

弥生と信吾は、半分ずつのリンゴの皮をむいておいしく食べた。弥生は、自分のまわりの世界が破綻していないことを知る。子供心にもこれが信吾のおかげであることを実感している。もしもリンゴが半分消えてしまったら、信吾は自分の分をさらに半分わけてくれるだろう。

おせっかいな女の子になるのはいやだ、と思ったから、あの時、教室で、弥生は黙っていた。もっと大きな理由は、伴君が閉じこもっている壁の中へ、入って行く自信がなかったということかもしれない。

にもかかわらず、壁の中にいる伴君は、弥生にとって気になる存在であった。まるでお荷物でもしょわされたような感じだった。

❀三ヵ月前の「借金」

中学校へ入ったら「負の数」というのが出てきた。数学の先生は「三万円の借金」などと大声で言う人だった。

−2＋（−3）＝−5

という計算の意味を説明するのに、「君たちが今、二万円、借金をしているとする。今月また三万円、借金をしたら、全部でいくら借金をしていることになる？」などと聞く。

小さい商店の女主人として、手形や小切手には絶えず悩まされてきた弥生のおばあさんは、「借金」という言葉が嫌いらしい。おばあさんの旧式をひそかに笑っていた弥生だったが、数学の時間に「借金」という言葉を聞いたら、ぎくりとした。これが、弥生という生徒の家庭の事情かもしれない。

しかし先生の説明も、

−2−（−3）

の計算になると、今ひとつ、歯切れが悪くなるみたいだ。

「借金の借金は、借金ではなくて、こっちが金を貸したことになるだろう？」などと決めつけるように言う。弥生の頭がまだくらくらしているうちに「いいか、マイナスかっこマイナスは、符号をプラスに変える。これは覚えておくことなんだぞ」などと教わる。

信吾の説明はこれとは違っている。物置から長いロープの巻いたのを引っぱり出してくると、西側の窓の外にある洗濯物干しの柱に、ロープの片一方の端を結びつけた。それから、ロープを引きずって部屋を横切ると、今度は、東側の窓の外に生えている木の幹に、ぴんと張ったロープを結びつけた。それから、室内に出入りするロープだけが見えるように、窓を細めに閉めた。

このロープはずっとむこう、無限のかなたからやってきて、無限のかなたへ消えて行く直線だそうである。本当は、すぐそこの洗濯物干しや、木の幹に結びつけてあるのだけれど、そのことは忘れるのだそうである。

部屋の真ん中に弥生を立たせると、ちょうど弥生のおへそのあたりをロープが通過している。だからそこを「基点＝ゼロ」に決めて、と言う。弥生は基点の位置にリボンで印を付けた。

その位置を基準にして、右の手の方向へ、一つずつ、印を付けて行く。左手の方向へも、一つずつ、印を付けて行く。どっちの方向にも、限りなく大きな数が刻まれるはずである。もちろん窓の外の世界については、弥生には想像するしかない部分もあるのである。

ゼロを境にして、右手の方の刻みは、プラスの数を意味するし、左手の方の刻みは、マイナスの数を意味する。そこで左手の方の数には記号「－」を付けておく。

プラスの数を「足す」とは、この直線の上を「右」に移動することを意味する。プラスの数を「引く」とは、この直線の上を「左」に移動することである。

$-2+3$

の計算をするとき、信吾は弥生に号令をかけた。

「位置について」

そこで弥生は、マイナス2の位置に立った。足す数はプラスの3であるから、右に3こま移動すればいい。その位置はプラスの1となり、これが、この足し算の答えである。

次に、マイナスの数を、足したり引いたりする計算になる。マイナスの数を足したり引いたりするとき、足し引きする数は、必ず、かっこの中に入っている。

$-2+(-3)$

のように。

これは昔の西洋人が、マイナスの数に対して持っていた違和感の現れである、と信吾は言った。時々、冗談か本気か分からないことを言い出すのは、信吾の癖である。

インドから負の数の考えが伝わってきたときに、これを素直に受け入れられなかった西洋の学者もいたそうである。マイナスの数、という考えには、何となく感情的な反発をもたらす要素が潜んでいたのかもしれない。

これら西洋の学者達のこだわりを思い出せばいい、と信吾は言う。つまり、マイナスの数を足したり引いたりするときは、かっこの中身がマイナスの数であることを、もういっぺん意識することにするのだそうである。なぜなら、マイナスの数を足したり引いたりするときは、プラスの数を足したり引いたりする場合とは、全く逆の動きをしなければならないからである。

$-2+(-3)$

の場合には、マイナス2の位置についた弥生は、かっこの中の数字がマイナスであることを確かめると、プラスの数を足す場合とは逆の動きをしなければならないのである（図1－2）。

プラスの数を足す場合には、右に移動すればいいのだから、マイナスの数を足す場合には、左へ動くことになる。左へ3こま移動した弥生は、マイナス5の位置にたどり着いた。

$-2+(-3)=-5$

図1-2

である。

－２－（－３）

の場合には、かっこの中の数字が、マイナスであることを確かめてから、プラスの数を引く場合とは逆の動きをすればいいのである。つまり右の方向に、３こま動けばいいことになる。

弥生は、無事に、プラス１の位置にたどり着いて、何だかほっとした。

「数直線」の考え方を教えてくれたのだ、と後になって気がついたけれど、あの時の弥生には、プラスマイナスの計算が、巨大なボールゲームのように思えておもしろかった。無限のかなたからやってきて、無限のかなたへ消えて行く直線が、自分のおへそのところを通っていると思うと、ぞくっとするようなスリルを覚えた。

$$(-2)\times(-3)=6$$

となる計算も借金という言葉を使う先生の説明には、何となく抵抗があった。

「君たちが、毎月、二万円、借金をするとする。三ヵ月前にさかのぼると、お金を借した人はいくら持っていたことになる？」

これが、先生の説明。

「弥っぺは毎月、こづかいを二万円使うとする。今から三ヵ月前にはいくら持っていたことになるの？」

こっちは信吾の説明。弥生にはこっちの方が分かりやすい。

あらゆる「可能性」

弥生が高校へ入った頃、信吾は日本にはいなかった。叔父の駐在先の、アメリカへ行っていたのである。大きな砂糖カエデの葉の入った、エアメールをもらったことがある。

このじくをかじってごらん、と添え書きがあった。甘いような味が、枯れ葉のごそごそした歯触りとともにあった。少なくとも弥生にはそんな気がした。

　後になって「あの葉っぱ、甘かった？」と問い合わせがあったので、かつがれたことが分かった。

　糖蜜は、カエデの木の幹から採るそうである。だから、葉っぱが甘いとは限らない。何事も思いこんではいけないよ、というのが信吾の言いたかったことらしい。

　ところで、高校に入ったら、数学という教科全体が、ぼんやりした霧の中に入ってしまったような気がするのである。弥生の考えでは、数学や理科は、他のどんな学科よりも、あいまいなところのない教科であったはずなのに。

「きみは、人を信用しすぎるんじゃないの？」と信吾からの手紙。

　信吾からそんなことを言われるとは、思ってもみなかった。信吾とは仲良しだが、彼に言わないことは、昔からいっぱいある。時々、自分は、裏腹な人間ではないのかしらと、疑うこともあるくらいである。

　私のこと、面倒だと思っているのかしら、と弥生は気を回す。

　自分でもよく分からないことを、他人に聞く。何が分かっていないのか、分かっていないことを、他人に聞くのである。聞かれた信吾の方でも、あれこれ聞かれることが、面倒くさくなっているのかもしれない。彼にも自分の世界が出来て、弥生を相手にすることが、面倒くさくなっているのかもしれない。

ところが一週間ばかりして、短い手紙が来た。問題が一問、書いてある。

次の一次方程式を解いてごらん。完全に解けたらごほうびをあげる。

$$ax = bx$$

「xの一次方程式だよ」と注意書きがあった。

弥生には、初め、どこから手を着けたらいいのか分からなかった。右の辺にも左の辺にも、xという文字があるから、これで割ってしまっていいのかしら。だけどそうすると、xが消えてしまうから、xの答えが求められなくなってしまう。「xの方程式」という意味は、xイコールいくつ、という答えを出しなさいという意味のはずである。

次に弥生は、もしもaやbが、具体的な数字だったら、と考えた。仮に

$$5x = 3x$$

という一次方程式ならどうすればいいのだろう。左辺から右辺を引いて

$$5x - 3x = 0$$

だから

$$2x = 0$$

という形になり、この方程式の答えは

$$x = 0$$

である。
それでは初めの方程式も、左辺引く右辺の形を作り、

$$ax - bx = 0$$

から

$$(a - b)x = 0$$

とする。

そうして形式的に、右辺の0を（a − b）で割れば、この一次方程式の答えも、

$$x = 0$$

で正しいのではないだろうか。

しかし弥生はここであることを思い出した。「文字式の計算の場合には、割る数がゼロでないことを確かめて」と、教室で、先生が強調していたのを思い出したのである。数学では、ある数字を「ゼロで割ることは考えない」と先生は言っていたような気がする。

そうするとさっきの式の変形で $(a - b)x = 0$ から、$x = 0$ という答えを出す前に、$(a - b)$ がゼロでないことを断っておかなければならないことになる。

この断りがあれば、さっきの一次方程式の答えは、$x = 0$ で正しいことになるのではないだろうか。

答え　$x = 0$　*ただし、a と b が等しくないとき*

と書きかけて、それじゃ、a と b とが「等しい」ときは、どうなるのだろうと考えた。a と b とが等しければ、初めの方程式は、

$$a\,x = a\,x$$

と同じになるから、この式は、xがどんな数字であっても成り立つ。
だから、信吾の送ってきた問題の答えは、たぶん、こうである。

aとbとが等しいとき　xは何であっても良い

aとbとが等しくないとき　$x=0$

二学期の初めに信吾一家が帰ってきたとき、弥生は、約束通りにごほうびをもらった。幾何学模様を彫った、丸い板であった。開拓時代の人々が、屋根の破風《はふ》につけた飾りをまねしたもので、ハイスクールの課外授業の時に、信吾が彫ったものだそうである。

弥生は、パンや果物を切る、小さなまな板に使うことにした。今でも大事に使っている品物である。

そのころから、また一段と、数学がおもしろくなった。数学とは、計算して答えが合えばいいという教科ではなく、「あらゆる可能性を考える学問」なのだ、と気がついたからかもしれない。

「風」の定義

「空気が動くことを風が吹く、という」と、ちらっと見た何かの本に書いてあった。たぶん小学校の五、六年のことだと思う。どうしてこんな文章が、心に残ったのかは分からない。

　母が日頃歌っている、鼻歌と関係があったのではないかと思う。弥生の母は、洗濯物を干すときなど、よく歌を歌う。そのなかに「誰が風を見いたでしょう」という一節があった。「見たでしょう」というところを、母は引き延ばして「見いたでしょう」というふうに歌う。

　その歌の先をよく聞いていると、「僕もあなたも見やしない」と続く。何となく興味を惹きつけられて、さらに聞き取ろうとしていると、その先は、こうなっているのであった。

「けれど木の葉をふるわせて、風は通りぬけてゆく」（『風』C・ロゼッティ／西条八十訳）

「そうじは良い、あれはいいぞ」と、これは弥生のうちの食卓に響く、父のがらがら声である。明らかに「掃除」とは違うアクセントで響いたので、弥生は耳を傾けている。

　後になってから「荘子」と言ったのだと分かった。人名なら「そうし」だが、彼の著作のことを言うなら「そうじ」だそうである。

　父が荘子のどの部分に感心したのかは分からないが、弥生は「風」のことを述べている一節に興味を引かれた。「風」の「定義」がのっていたからである。

「大地があくびをする事を、『風が吹く』と言う」とある。どこかに大地のおへそのようなものがあって、そこから「風」がわき出してくるように感じていたらしい。

　風についてのこの定義は、荘子という人の発明ではなく、古代の人々の共通の認識であったのかもしれない。しかし「風」についての、その次の文章は、確かに荘子という人の個性を感じさせる。

「風」が吹き出すと、大きな木のこずえは、ごうっとうなり、小さな木のこずえは、さやさやと揺れる。それに感じて、地上の洞窟や、木のうろが、ごうごうとうなり出す。

ふうっと吹く風に、ごうっと吹く風が、こたえる。かすかな風は、小さくふうっと吹き、大きな風は、大きく、ごうっと吹く。やがて、一陣の風は、吹きすぎて行ってしまう。風の行ってしまった後には、さっきの洞窟や木のうろはしいんと静まり返る。ただ、大きい木がこずえを震わせ、小さな木が、葉うらをひらめかせているだけである。

古代の風を感じさせると同時に、古代の森のたたずまいをも感じさせる文章だわ、と弥生は思った。

大きな木は朽ちて、その枝にもうろにも、苔や蔦が生い茂るままになっている。しかし、良く見れば、苔むした朽ち木の傍らには、早くもふたばが顔をのぞかせ、精一杯、陽の光を浴びようとしているのが分かる。気がつくと、朽ち木の周囲の地面には、すでに若い木も幾本か生えて、いまを盛りと枝葉を茂らせているのである。

森の過去と、現在と、未来とを、一枚の絵に封じこめてしまったような情景である。そこへ風が吹いてきて、画面に動きと音とをもたらすが、吹きすぎた後は、また、しいんとした一枚の絵にもどるのであった。

　弥生が、風を描いた荘子の文章にいたく心を惹かれたのは、弥生自身が倉の屋根に寝ころんで、自分の頭の上を吹きすぎて行く、風の気配に耳を傾けることが好きだったからかもしれない。

　弥生の上に広がっている空は、荘子の時代の空よりも広くはない。ちょっと目を転じれば、電線が見えるし、郊外の山の方から迫ってくる、集合住宅のシルエットが見える。昼間だというのに、ぴかぴかと光をともした飛行機が、頭上を横切って行くこともある。

　風の定義を聞いて、倉の上の弥生は「ああ、空気が動いているんだなあ」と実感する。それと同時に、実際の風が古いかわらの間の、短い草の足をふるわせ、弥生自身の短い髪をなぶっていくのを感じる。

「定義」とは、物事を自分に実感させるきっかけを作る「ボタン」である、と弥生は思う。「定義」には人の作ったものもあるし、弥生自身がこれから作ろうとしているものもある。「定義」を定義すれば、それは、世の中のやおよろずの出来事を、「言葉」によって規定したもの、と言えるかもしれない。

　いずれにしろ定義を通してみると、漠然と目の前を通り過ぎて行く事物を、意識して捕らえることが出来るような気がする。度の合った眼鏡をかけたように、物事がはっきりと見えてくる感じである。たまには、度の合わない眼鏡をかけてしまうことだってあるかもしれない。そういうときは、レンズを割る勇気を持てばいいのではあるまいか。

他の友人は、もっと他のやり方で、それぞれの人生と出会うのかもしれない。しかし、絶えず定義と実体験とを照らし合わせる生き方こそが、自分の人生かもしれない、と弥生は思い始めている。だから、出来るだけたくさんのボタンのついている羅針盤を、持ちたい気がする。

数学という教科は、ボタンのいっぱいついた羅針盤になりうるかもしれない、と弥生は思う。なぜなら、数学の教科書では、まず定義が出てきてから、それ以後のお話が始まる仕組みになっているではないか。

❀「マザーの定理」

自分の母親がなぜ、父親と一緒になったのか、弥生には興味がある。二人の間の子供だから、当然のことかもしれない。「愛しているから」と言ってしまえば簡単だが、それ以上のことを知りたい日が、どんな子供にもやってくるものだ。

その母が、ある日、ぽつんと言う。

「女は、男に弱みを見せられると、捨てては行かれなくなるものですよ」

そこでこの言葉が、弥生にとっては定理のようなものになる。無口で、うそのつけない、母の口から出た言葉でもある。自分がこの世に生まれてきた、根本の事情を探る、鍵となるような言葉だからでもある。

学校では、数学の時間に「論理と証明」という章をやっている。「背理法」という、おもしろい証明の仕方を教わった。

その前に「命題」という言葉が出てくる。ひとつの判断や主張を示した文章や、式で、その「真偽」が判定できるものを、「命題」というのだそうである。

命題は、ふつう「PならばQである」という形をとっていることが多い。このPの部分を「条件」、Qの部分を「結論」と呼ぶのは、これまでに弥生の知っていた言葉づかいとも一致する。

ある命題が「真」であることの根拠を示すのが「証明」である。一方、その命題が「偽」であることを示すためには、「反例」が一つあれば十分だそうである。

「真」であることが証明できたとき初めて、その「命題」を「定理」と呼んでもよいことになる。

また、「反例を挙げる」とは、条件を満たしているにもかかわらず、「結論に反しているような実例を挙げる」ということである。一つの命題が偽であることの根拠を与えることになるのだから、「証明」することと「反例を挙げる」ということは同等の重味を持つ。

証明の仕方にもいろいろな方法があるが、その一つが「背理法」である。

先生が、例題として紹介したのは、こんな問題であった。


「二つの実数aとbに対して　$a\times b=1$　が成り立つとき、aもbもゼロではない」


これを証明するのに背理法を使うと、こんな具合になる。

まず、第一の手順として、結論を否定するのだそうである。この場合なら「aもbもゼロでない」というところを否定する。否定をした文章は「aまたはbのどちらかがゼロである」となるはずである。

そこで、aがゼロであるとする。そうするとa、bの積、$a\times b$　はゼロとなる。

次に、bがゼロであるとする。こちらの場合も、積　$a\times b$　はゼロとなる。

いずれの場合にも、$a\times b=1$　であるという条件に反する。こうした矛盾はどうして起きたかというと、結論を否定したところから起こったのである。そこで、初めの結論「aもbもゼロではない」は「正しかった」と結論できる。つまり、これで証明が完成されるのである。

一方では、弥生の頭には「マザーの定理」がある。こっちはまだ、真偽の判定さえ付いていない「母のつぶやき」にすぎない。定理どころか、命題になっているかどうかも分からないしろものである。

しかし、弥生の心の中には、「マザーの定理」に証明のようなものを与えるべく、動き出している何かがある。数学の時間に背理法のことを聞いたら、それとこれとが手を結んだ感じであった。

世の中の「女性全体」を考える。この中の一人の女性を、全く自由に選んでくる。そうして彼女の恋人が、彼女に「弱み」を見せたと「仮定」する。そうすると、彼女は、その恋人を「捨てられなくなる」というのが、「マザーの定理」の「結論」である。

背理法を適用しようとすれば、まず「結論」を否定しなければいけないわけである。彼女が恋人を「捨てた」とすればいいことになる。

しかし「捨てた」内容が問題になってくる。もう付き合わなくなるのが「捨てた」ことになるのか。そう簡単には言い切れないことは、確かである。付き合わなくなっても「忘れられない」彼氏はいるだろう。それでは「捨てた」ことにはならないと思う。

その彼氏の存在をさえ、全く忘れて、生きていくことが出来るということが、「捨てた」という意味であろう。

彼と知り合い、共通の時間を持ったという事実さえも、全く忘れて？　人格が変わるような脳の損傷でも受けない限り、そんなことは不可能である。だって、彼女は彼の「弱み」を握っているわけである。「弱み」とは、彼の真実の姿と言い換えても良い。それを知ってしまったら、彼の存在を忘れるわけはないのではないだろうか。

背理法で言う矛盾に突き当たったと思って、弥生はにっこりする。それと同時に、何だか、用心しなければならないような気持ちにもなった。というのは、やたらな男性に「弱み」を見せられると、自分の人生に、とんでもないお荷物をしょい込みかねない、という事実である。ひょっとすると、一生を棒に振らなければならなくなる、という恐ろしさがある。ということは、女たるもの、自分が「弱み」を握る男性をこそ選ばなければならない、ということになるのではないだろうか。

それから間もなく、ある女流作家のエッセイを読んだら、こんなことが書いてあった。

「皆さんに、ねらった男の人を必ず、ものにする方法を教えましょうか」というのであった。

「それはね、女性であるあなたの側から、相手の男の人に、好きです、と言うことです。そうすれば、相手の男の人は、決して逃げられませんよ」

この作家のお薦めは「マザーの定理」の中の「女」を「男」に入れ替えたものかもしれないと、弥生は感ずる。男というものは、相手の女性から「好きです」と言われると、逃げられなくなる、ということを言っているからであった。相手の男に「好きです」と告白することは、女の側から「弱み」を見せる、ということに他ならない。

しかし、こっちの主張の方が「マザーの定理」よりも、はるかに積極的な生き方を示している、と弥生は思った。自分に弱みを見せた男とのしがらみに生きる、というより、自分の方から「あなたを好きです」と言って、積極的に男の子をつかまえる生き方を、弥生は選びたい。

立体Vサイン

「ピース」と言って、人差し指と中指とで、Vサインをする。これは誰でもやることだ。しかし、従兄の信吾は、親指を加えた三本の指で、ピースサインをする。これには少々、いきさつがある。

無限の彼方《かなた》からやってきて、無限の彼方へ消えて行く、直線があること。足し算引き算などは、その直線の上での移動と考えればいいことを、教えてくれた信吾である。いや、弥生にとっては、その直線が、自分のおへそのところを通っていると実感することの方が、重要だったかもしれない。

そのせいか、学校で「平面の座標」のことを習った時には、すんなり分かった。東西の窓に張られたロープに加えて、新たに、南北の窓に張られたロープのことを、想像すればいいからである。南北のロープは、弥生の体を貫くように走るわけだから、ちょっと、こわい気もするが。

そうして、平面上の点は、二つの数字を一つの「かっこ」に入れて表せばいい。二つの数字のうち、初めの一つは、南北に張られたロープからの隔たりを表しているし、二番目の数字は、東西に張られたロープからの隔たりを表しているのである。だから弥生が、この平面上のどこに移ろうとも、初めに、自分のおへその位置を印した、リボンの位置さえ見失わなければ、迷子になることはないのである。

空間になると、かっこの中の数字を三つにして、三つ目の数字は、二本のロープで作られた平面からの隔たりを表すことにすればいい、と教わった。ところが、これが弥生には、今ひとつ、ピンと来ない話であった。

この「空間」というのは、弥生たちが生きて、生活している、「この空間」のことである。弥生が「この空間」のどこにいるかは、三つの数字を、一つのかっこの中にならべたもので、表されてしまうというのである。平面の場合から類推すれば、理屈では分かる気がするが、どうも、実感がわかないのが実状である(図1-3)。

考える対象が大きすぎて、客観的に見ることが出来ないからかもしれない。「自分が生きている空間そのものを、客観的に把握する」ということは難しい。

おまけに、三本目の直線は、弥生の頭のてっぺんを貫いて、背骨の端から出ていることになっている。それで、がんじがらめになっているのが、弥生の姿、と言えないこともない。

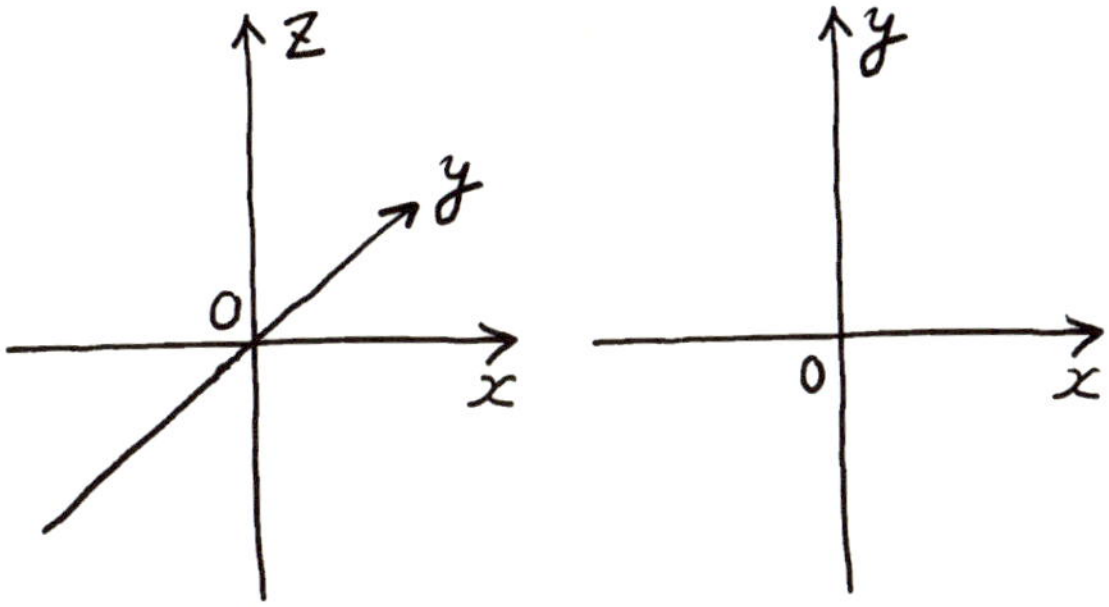

図1-3

高校三年生の秋に、信吾が帰ってきた。日本の大学に入る準備もあって、帰ってきたのである。空港へ迎えに行ったら、彼は、二本の指でやるVサインの代わりに、親指を加えた三本の指で、Vサインをした。左利きでもない信吾が、わざわざ、左手の人差し指と、中指と、親指とを立てて、サインをしている。

しかし、それを見たら、弥生の頭には「空間の座標」のことが、ぱっとひらめいた。信吾の、あのVサインを、それぞれ延長した、直線からの隔りを考えれば、弥生自身の位置が、三つの数字の組で表されていることが、目に見えるように分かったのである。

座標軸というのは、教科書の何ページにおさまっているわけでもないし、弥生の頭のてっぺんを貫いているわけでもない。この空間の中で、自由に取っていいのである。それだから弥生自身も、この空間内に、好きなように座標軸を取って、自分自身を位置づけていけばいいことが分かったのである。弥生の位置を決めるものは、別に、信吾の左手で設定された座標軸とばかりは限らない、ということが分かったのかもしれない。

弥生は、母と叔母とが、自分と信吾のことを話しているのを聞いてしまった。信吾が、あまり女の子に興味を示さないのは、身近に、弥生という異性がいるからだというような意味のことを、叔母は母に話していた。母は何と言ったか、弥生には良く聞き取れなかった。弥生の母は、あまり大声で話さない人である。

ただ、叔母が弥生のことを、信吾にとって「いすぎる子」だと話していたのが、耳に残っている。私は「いすぎる子」なんかじゃあない、と弥生は一人で反発している。信吾に言わないことは、昔から、たくさんあるのに。

お互いの友達がいるところでも、信吾は「立体Vサイン」をする。あいさつ代わりのつもりらしい。

「やめてよね、他の友達がいるところで、弥っぺと呼ぶのは」

「はいはい、わかりました、弥生お嬢さん。その代わりに、これからは僕のことを、信ちゃんと言うのもやめてね」

「いいわよ、信吾さん」と返事をした途端に、弥生はぷっと吹き出してしまった。

信吾が大学に入ってからは、同じ大学に自分も入りたいと思って、勉強した。信吾は理科系を選んだから、自分も理科系にしようと思っている。いや、特別に信吾がどうというわけではなく、数学や理科と、もっと深くつき合ってみたい気持ちが強かった。

しかし世の中は、そう思い通りにはならないものだ。弥生は、信吾とは違った大学に通うことになった。信吾が乗って行く電車を、途中の駅で乗り換えて、別の大学へ通っている。数学部は、教育学部である。一応、数学専攻ということになっている。数学や算数を教える、先生になるコースである。

子供の数が少なくなったから、先生になるのも大変みたいだ。しかし、弥生は、小学校時代に同級生だった、伴君のことが、今でも何となく、気になっている。とくに、分数計算の正しいやり方を教えてあげなかったことが、気になっている。

ただ、教えてあげる、だけではない。生徒に教えるまでには、準備が必要らしい。正しい知識を与えるだけでなく、その前に、準備が必要ということである。弥生という先生を、受け入れてもらうための準備ということかもしれない。もっと広く言えば、弥生という他人を受け入れる準備、ということかもしれない。伴君は、相変わらず「バン式計算方法」で、分数計算をしているのだろうか。

信吾の方は、あまり変わらない。もっとも、大学三年生になった彼も、彼なりに忙しそうだ。所属するゼミが決まったからだろう。もっと基礎的な学問をするのかと思ったら、応用的な方面へ進学した。人間の生活を豊かにするために、学問を役立てたい気持ちがあるのだろう。

途中下車をして行くものだから、弥生は、信吾とは違った世界を持つことになった。マキコや立花君が、違った世界の代表格かもしれない。

❦「集合論」異聞

同じ数学専攻のグループと、「集合論」の勉強会をやることになった。数学の先生になることを目指しているからには、多少は本格的に、数学と取り組みたい。それに二年生になると、専門的な講座もいくつか取らなければならない。さしあたって、何を勉強しておいたら、役に立つのかと考えて、クラス担任の教授に相談に行った。それなら「集合論」をやっておきなさい、というアドバイスであった。「集合論」がもっとも基礎的な数学の「言葉」であるという。

まず「もの」という言葉が出てくる。「集合論」という数学で扱う「もの」である。それは、「同じである」か「同じでない」かを「区別」できればいい、ということになっている。これが最低限、数学で扱う「もの」に対する規定かもしれない。

そうしたものの集まりを「集合」と言うそうである。ただし、何でも「集まって」いればいいかというと、そうではない。勝手に取ってきたものが、その集合に入るか入らないかを、判断できるような基準を持っているものの集まりを「集合」と言うのである。

だから「背の高い男の子の集まり」は集合とは言わない。彼が背が高いかどうかは、日本の社会と、欧米の社会とでは判断の基準が違うだろう。また、個人によっても、時代によっても、判断のものさしは違うだろう。そこで「身長百八十センチ以上の男性の集まり」とでもしておけば、この集まりは「集合」になりうる。

日頃、弥生が「背の高い子だ」と思ってながめている男の子たちが、この集合に入っているかどうかは分からないというわけなのだ。ちゃんと身長を測って、百八十センチ以上かどうか、確かめないとだめなのである。

集合を作っている個々のものを、この集合の「要素」と呼ぶのだそうである。そうすると「あしながおじさん」もこの集合の要素かどうかは分からない。「あしながおじさん」の身長が百何十センチメートルか、あるいは何フィートか、そんなことは本には書いてなかったような気がする。

たしか、建物を出て行く彼の姿に自動車のライトが当たり、その影が長く壁に延びたので、女主人公は彼を「あしながおじさん」と呼ぶことにしたのである。そうするとますます「あしながなってくる。

などと勝手なことを考えていたとき、勉強会をやっている教室の前を行ったり来たりしているおじさん」が「身長百八十センチ以上の男性の集まり」という集合の要素かどうかは分からなくる、男の子の影に気がついた。

と思う間もなく、彼は、ドアを開けて入ってきた。主観的にも客観的にも、彼が今、話題に出ていた集合の要素に入らないことは確かだった。彼は男の子にしては小柄で、がっちりとしている。顔立ちがどうこう言う前に、彼が実に生き生きとした表情をし、きびきびと動く人であることに、弥生は気が付いた。

「自分は数学科の立花です」と彼は名乗った。今度の一年生が、自主的にゼミを持ち始めた、ということを聞いてやって来た。オブザーバーがわりに参加させて欲しい、と言う。

直接の先輩でもないのに、よくよく暇な人なんだわ、と弥生は思った。後になって考えると、これは弥生の考え違いであった。立花君は「学」を好む人なのである。そうして学問が「人と人とのつながり」によって支えられていることに強い自覚のある人なのであった。

「君たちの中で、小学校の先生になりたいと思っている人、いるかなあ?」と聞かれたとき、右の肩に小さく手を挙げた弥生は、立花君と目が合ってしまった。

「そうか、きみ、そう思っているのか?」と言うなり、立花君は、小学校教育の重要性について話し始めた。

彼が今、取り組んでいる数学の研究に、小学校時代に培った「物の考え方」が役だっているのだ、ということを言いたいらしい。ひとごとではなくて、自分のことを話しているのであった。そういう意味では、なまなましい話なのであった。

それでいて、お世辞にも分かりやすいとは言えない話であった。今の研究の内容が、弥生にはちっとも分かっていないせいもあると思う。

それだから「底辺かける高さ」が長方形を含む広い意味での「四辺形」一般の面積を表すことを、小学生にもちゃんと納得させることの重要性が、今ひとつ分からないのである。

辺がぐんにゃり曲がった「四角形」でも、その面積は、「底辺かける高さ」で計算できる（図1-4）。その考えは何でも「積分」の基礎を、目に見えるように教えることにつながるそうである。

「はさみを持ってきてね、図形の曲がってるとこを細かく刻んでさ、それを集めて、貼り合わせるんだ。もちろんそれじゃあ、近似的にしか分からないわけだけど」とまくし立てたが、途中から弥生の頭はくらくらしだした。

「だから君は、特別しっかり、勉強しなくてはいけないわけだ」と決めつけるように言われて、思わずうなずいている自分を、弥生は発見した。それと同時に、何だか大変なことになったよう

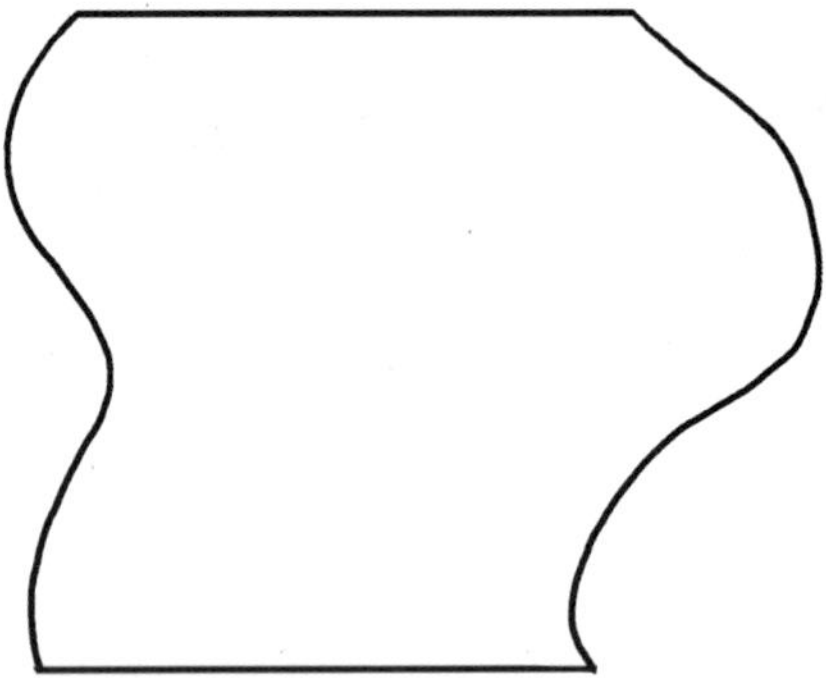

図1-4

な気がした。

あの「伴君」のような子供達の他に、この「立花君」のような子供達をも、自分の手にゆだねられたような気がしたからだ。伴君の中にも、立花君がいるかもしれないし、その逆だってあり得るわけであった。教室の椅子にどうにもお尻のなじまなかった子供達の中にも、すぐれた科学者になった人物がいることを、弥生は知っている。

※集合の「集合」

「それはそうと、君たち、こんなの知ってる？」

と立花君は今度は、みんなの方に向かった。

「すべての集合の集まりは集合かどうか？　誰

か分かる？」

　一つ一つは「集合」だと分かっている「もの」があるとする。それを、いくつ集めてきたって、やっぱり集合が出来上がるんじゃないかしら、と弥生は考えた。そんなこと、悩んでみるまでもない問題のような気がする。

　集合というのは、一つ一つの「要素」の集まりであると同時に、集合そのものの集まりをも集合の仲間に入れても良い。これを「集合族」と呼ぶ。

　また、ひとつの集合に対して、その集合に含まれるような集合を考え、その集合を、元の集合の「部分集合」という。

　それから、いくつかの集合がある場合、その集合の「どれか」に含まれるような要素の全体を、それらの集合の「和集合」という(図1-5)。

「集合と集合族、それに、それらの部分集合、すべてをひっくるめたものの集まりが集合になるかどうか、というイミですか？」と、誰かが聞き返した。

「そうです」と立花君はうなずいた。

「それなら、すべての集合の集まりは、当然、また、集合になると、僕は思います」

　と、さっきの同級生は言い切った。彼は、弥生が、さっき「悩むまでもない問題じゃないかしら」と思った事実に、根拠を与えようというのかもしれない。

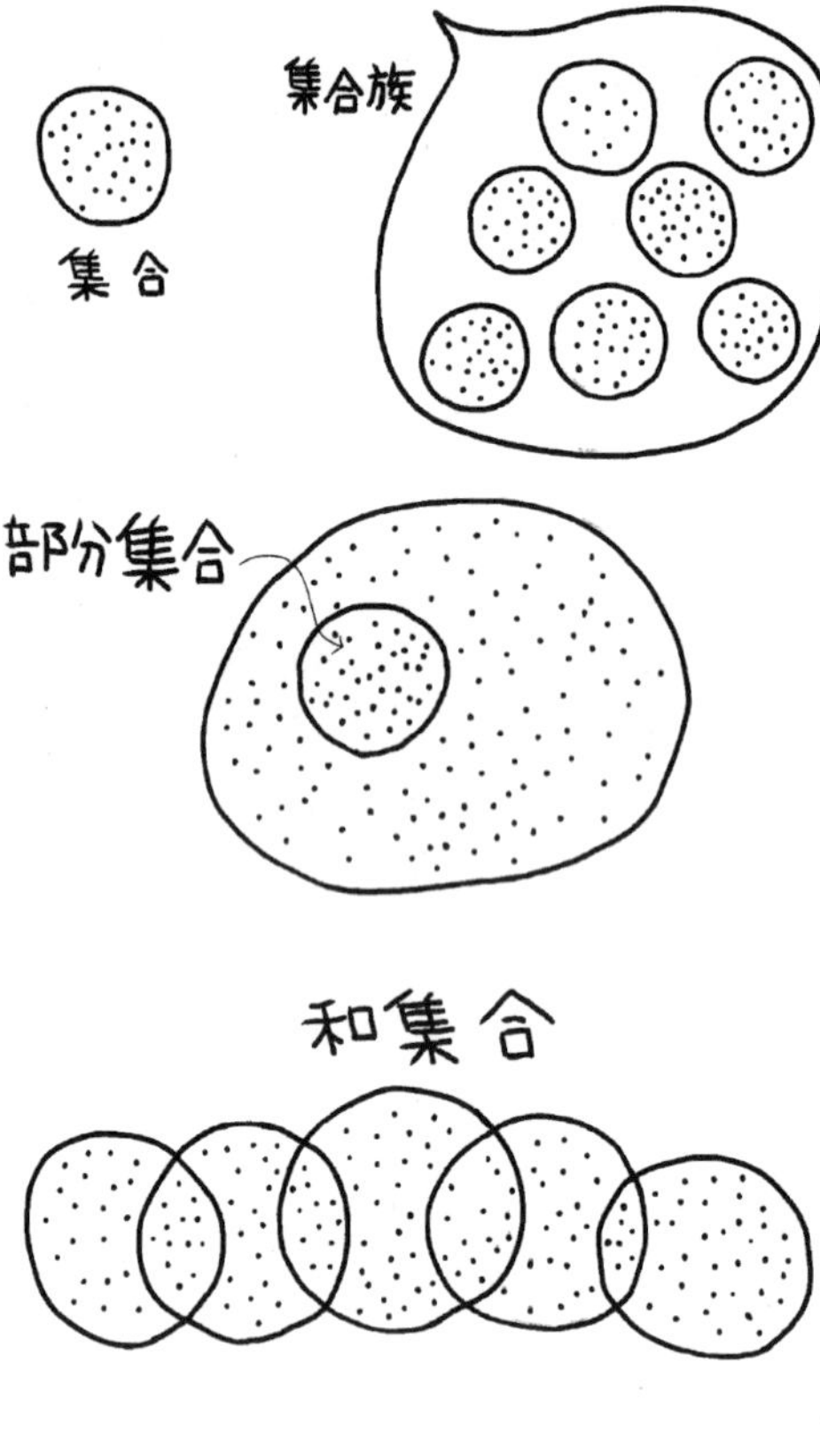

図1-5

「すべての集合をひっくるめたものの集まりをXとします。いま、Xから、勝手にひとつの要素を取ってくるとします。これは『集合』かもしれないし、『集合族』かもしれないし、それらの集合や集合族の部分集合になっているものかもしれない。いずれにしろ、集合の条件を満たしているからには、どこかに入っていることは確かでしょう？

集合の部分集合の全体はまた集合ですよね？　その集合の部分集合の全体はまた集合になりますよね？　これを何回も、何回も、繰り返して出来た集合の和集合は考えられる集合のすべてになっているんじゃないですか。

先輩が言ったすべての集合の集まりとは、つまり、この和集合のことなんでしょ？　集合の和集合は、また集合になるわけだから、先輩の言った集まりは当然、集合になりますよね？」

「君の論法は、大変すばらしかったです」と立花君は言った。

「ただし、一ヵ所、難点があるんだよ。

君は、初めに言ったね。集合の条件を満たしているからには『どこか』に入っていることは確かでしょう、って。だけど、君の言うどこかは『どこ』にあるの？　そんな保証があるのかなあ？

実を言うと、すべての集合の集まりは、集合にはなれないんだ。この事実は、『背理法』を使って証明できる。もちろん君たち背理法は知っているよね。

すべての集合の集まりが『集合である』と仮定しよう。その集合の名前をXとする。Xの要素のうち、『自分自身が自分自身の要素であるものの全体』をSとする（図1－6）。Xの要素のうち、『Sの要素でないものの全体』をTとする。Tの要素はどんな性質を持っているのかなあ？」

「もちろん、Tの要素は、自分自身が自分自身の要素ではないという性質を持っているわけですよね？」

「そのとおり。ところでね、Tも集合だよね。だからXの要素になる。Xの要素は必ず、SかTのどっちかに入るはずだろう？　それじゃあTは、いったいどっちの集合に入ると思う？　Tかな、それともSかな？」

「僕は、Sの要素だと思う」

「Sの要素は自分自身を含んでいるはずだから、TがSの要素だとすると、TはTに入るんだよね。あれ！　Tの要素は自分自身を要素として含まないはずだったぞ！　これはおかしい。やっぱりTはSの要素ではないよ。

そうだね。だとすると、TはTの要素でしかありえないね。ところでTの要素は……」

「Tの要素は、自分自身が、自分自身の要素ではないという性質を持っているわけですから、TはTの要素ではないことになる」

「ほら、矛盾が生じたわけだ。今度はTはTの要素ではなくなってしまったわけだ。すなわち、

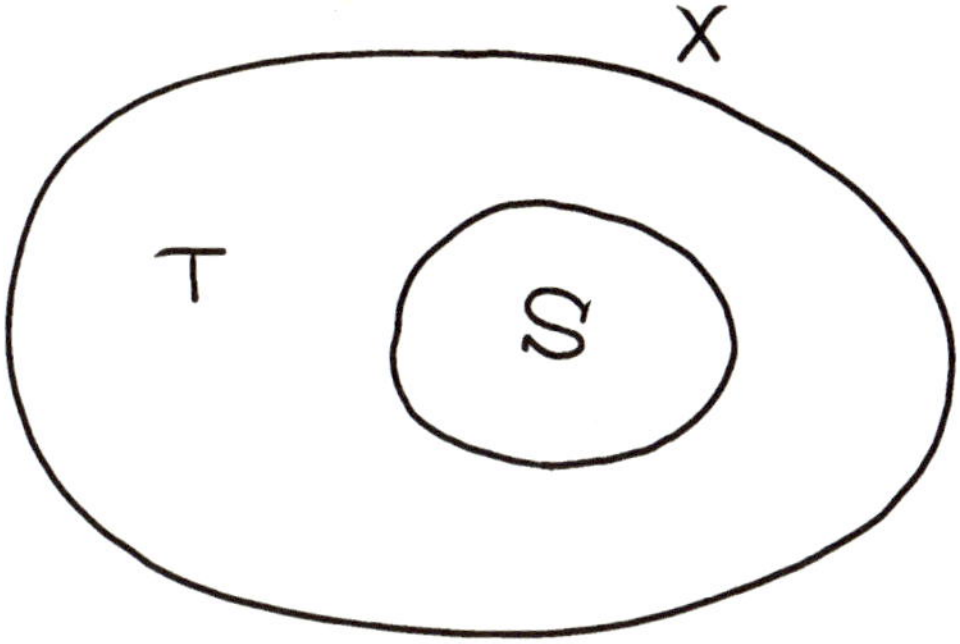

図1-6

TはTの要素であると同時に、Tの要素ではないという結論が導かれたことになる。つまりTがTの要素かどうか判断できなくなってしまったわけだ。これは集合の定義に反することになるよね」

立花君はにやりとして言った。これで、すべての集合や集合族やそれらの部分集合全体を集めたものの集まりは、集合にならないことが証明できたことになる！

立花君が、教室を出ていってしまってからも、少しの間議論が続いた。しかしどうも、すべての集合の集まりは集合になってはいなそうであった。

世の中にあるお金や土地や、株券や、宝石いっさいを集めたら大金持ちになれるかというとそうではなくて、かえって破産するよ、と宣告されたようで奇妙な気がした。

これが、数学の問題でなくて、何かのおとぎ話なら、別に不思議でもない話である。グリム童話にも日本の昔話にも似たような話はあったような気がするのである。

しかしよもや、この種のどんでん返しを持たないのが数学の世界だと、弥生は思っていたのである。

鉄壁のように論理を積み上げたところに数学という学問は成り立っている、だから、矛盾はないのだ、と弥生は何となく信じていた。しかし論理を積み上げていった先でも案外と、大もとがぐらついているのが見えてくるというのが実状かもしれない。

もっとも考えようによっては、天地がひっくり返る可能性を秘めていない世界なんて、ちっとも面白くない世界かもしれない。飛躍や発展のない世界のように思えるからだ。

それにしても、集合論を習い始めたばかりの弥生たちの中に、いきなり飛び込んできて、こんな大きな疑問を投げ込んで行くなんて、立花君は、やっぱり変な人である。

これが、弥生が立花君と知り合った、そもそものいきさつである。

第2章　立花君が消えた

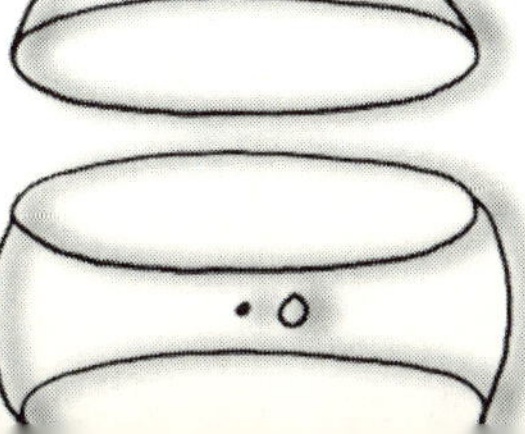

❀立花君の先生

立花君にもらった物体を、結局身近には置けなくて、弥生は、昔の倉のうしろの、石垣の間に置いた。その後、取り出してながめたこともないが、何となく気にはなっている。その後大雨も降っていないから、まだあそこにあるだろうと思っている。何となく気になって、遠くからながめて通る。

あの物体をくれたとき、立花君が言った言葉のほうは、まだはっきりと耳元にある。こっちも心にひっかかっている。しかし簡単に確かめられることでもない。当の立花君に問い合わせるのが、いちばん良いのかもしれないが、何しろ立花君は言葉の分からない人である。

顔を真っ赤にして、身振り手振り、説明してくれればくれるほど、分からなくなるのが落ちである。それに夏休みが明けてから、立花君とは会っていない。そのことも何となく気にかかっている。

全く手がかりがないかというと、そうでもない。心当たりはあるのである。それは立花君が、弥生と話すとき、必ず一度は話題にのぼるある人物のことである。同じ大学にいる、立花君の「先生」のことである。

「先生がね」とか「先生のね」とか、必ず一回は出てくる。それでいて、めったに先生を姓で呼ぶことはない。立花君にとっては、この「先生」だけが、この世でたった一人の先生らしい。先生という普通名詞が、そのまま固有名詞になっているのである。

弥生もこれまで、いろいろな先生のお世話になったとは思うけれど、この人だけが、自分のたった一人の先生だと言い切れるような先生に出会ったことはない。だから立花君がうらやましいし、立花君の先生という人に興味がある。

何しろ立花君の先生なのである。この先生と「お弟子」はどんな具合に会話を交わすのであろうか。「なに語」で話すのだろうか。それだけだって、実際に見ておく価値はある、と弥生は思う。

耳のいい弥生は、めったに先生の姓を言わない立花君が、一、二回言ったうちの一回を聞いている。だから、弥生は立花君の先生の名前を知っている。ということは、研究室を訪ねて行かれる、ということである。

そこである午後、キャンパスを横切って、理学部の方へ行った。そこの四階に、理学部の先生たちの研究室が並んだ一角がある。立花君の先生の名前がドアに貼ってある一部屋があった。

ドアを開けた途端に、弥生は目の前の黒板一杯に描かれた、絵を見てしまった（図2－1）。二つの土管のような、柱のような物体が描かれている。そうしてこれらの二つの柱の中程から、

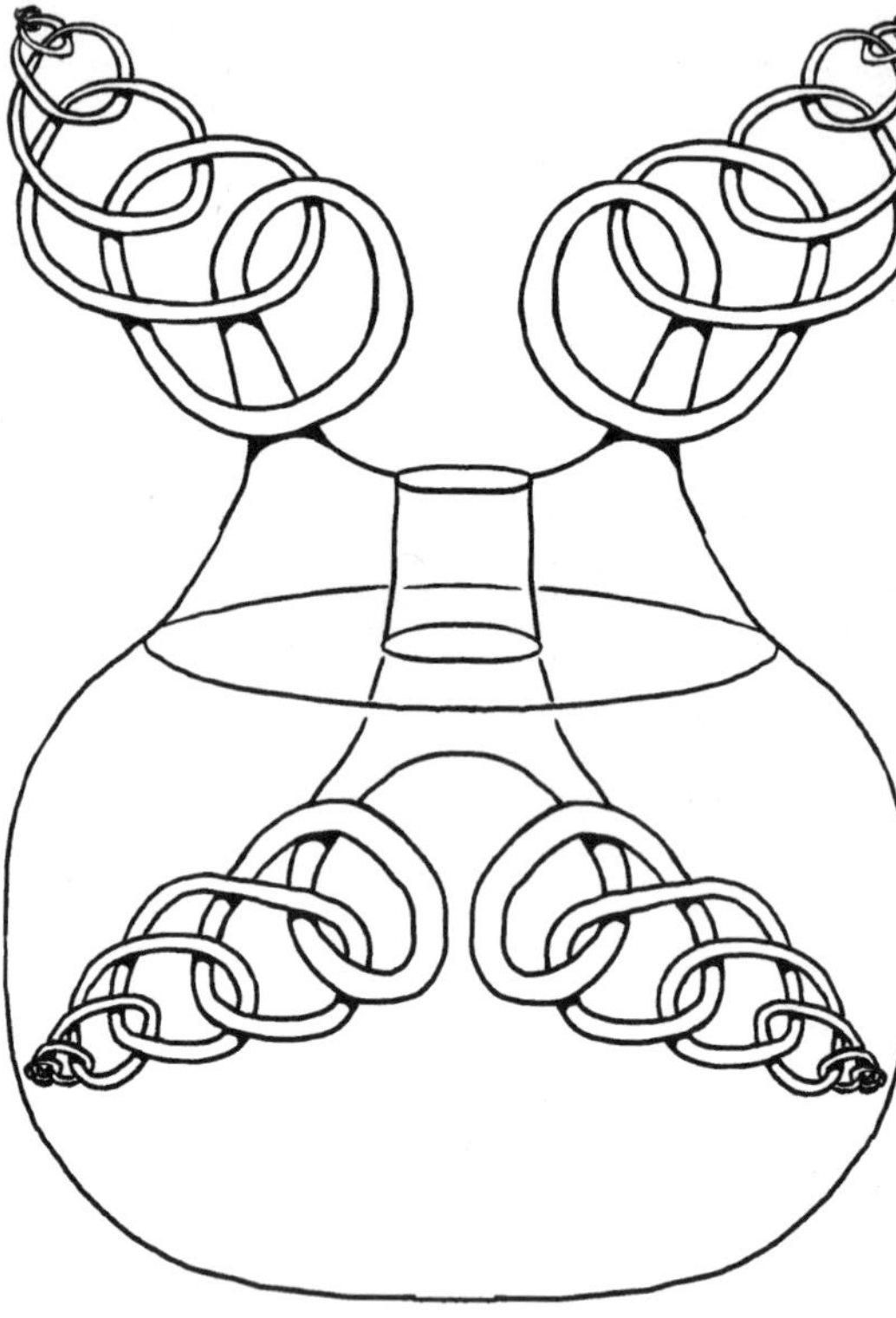

アレクサンダー＝フォックスの反例

図 2-1

横にもう一本、パイプが出ている。これらの二つの柱は、このパイプによって結ばれているのだが、奇妙なのは、この横のパイプである。

ぐっと上の方へ延びて、観覧車かなにかのように、ループを作っている。その中に、またループがあって、それがまた観覧車のようなループを作っている。

パイプの中に観覧車があって、そのまた中のパイプの中に、観覧車があるのだから、観覧車の絵はだんだんに小さくなっている。観覧車の絵は、三回くらい繰り返して描かれているが、四回目はもう描くことが出来ないらしく、真ん中へんがもやもやになっている。それがいかにも不思議であったので、弥生は立ち止まってしばらく見とれていた。

そのうち黒板の端の方へ椅子を寄せて、なにか考え事をしているらしい一人の男の人の姿に気が付いた。彼は服の袖がチョークの粉で汚れるのも気が付かない様子で、黒板の端に頬づえをついている。

弥生がまず思ったことは、自分が具合の悪いところへ顔を出してしまった、ということだった。考え事をしている人のじゃまをしてしまった、ということだった。自分の姿を引きはがして、この場から姿を消したいと思ったけれど、もう間に合わない。黒板のかたわらに頬づえをついた人は、目を上げて、突然の侵入者である弥生を迎え入れるようなまなざしをした。

弥生は、自分が教育学部の学生であること、数学を勉強したいと思っていることなどを話した。本当は数学を勉強したいと思っているのかどうか、分からない。しかしこの場ではそう言うしかなかった。さすがに後ろめたい気がして顔が赤くなった。

「君もこの絵に興味があるのですか」

と立花君の先生は言った。弥生が観覧車の絵にじっと見とれていたのを早くも見抜いていたらしい。

「これは『ホーンドスフェア』の一種でしてね、アレキサンダーの出した『反例』を、僕なりに表現したものです。しかしこういうものはない方がいい。願わくは、こういうワイルドなもののない世界を扱いたいものですね」

弥生は例によって、質問の矢を二、三本、放ちたいと思った。しかし初対面の先生にあれこれ聞くわけにはいかない。それでなくとも先生の考え事を妨げた後ろめたさがある。

その時あわただしいノックの音がして、誰かが部屋に入ってきた。転がり込んできた、というのが当たっている。ひょっと身を引いた弥生は、そこへ立花君がやって来たのかと思った。しかし、ぜんぜん違う人であった。

「先生、この前のトーラスなんですけど」と言うなり、入ってきた青年は、黒板の前に進み出て、何かを描きだした。二つの穴の開いたドーナッツ状の立体である。そこへ線を引いて矢印を付けている。線は、二つの穴の回りをぐるぐる回ったり、後ろ側へ絡まりついて点線になったたかと思うと、また向きを変えて前の方へ現れたりしている。青年は色チョークを取って、線の色を分け始めた。

弥生は先生の方へ一礼すると、研究室の戸をそっと閉めた。先生は、部屋を出て行く弥生のことなんか、気にも留めなかったろう。

「それで君、そのパイワンは消えているの？」と言った先生の声が、出て行く弥生の耳に残っただけである。また聞く「パイワン」という言葉であった。

それにしてもあの青年の不作法なこと。部屋にいた弥生の存在には、てんで気が付かなかった様子だった。これは女の子としては、少々プライドを傷つけられる問題だったが、弥生はその気持ちは引っ込めた。

それどころか、弥生は早くも一つの発見をしたので、内心、わくわくする思いである。あの部屋に集まる人々と、先生とが「なに語」で話しているのか見当がついたからである。それは図形語と呼んだらいいのかもしれない奇妙な言葉である。

あの不思議な観覧車の絵や、ドーナッツ形に線のからまった図形が、彼らとその仲間たちに通じる言葉らしい。言葉であるからには、やっぱり最低限、文法のようなものがあるのだろうか。弥生はそれを知りたい。

❦立花君が消えた

そんなわけで、弥生は先生の研究室に出入りするようになった。毎週土曜日の午後に、先生の部屋で集まりがある。数学科の学生や大学院生も来るし、卒業生もいる。他の大学から来る人もある。弥生のように他の学部や学科から来ている学生もいる。

毎回、テーマがあって、それについて誰かが話し、質問があったり、説明があったりする。外国人の書いた本や論文を読んで、それについて説明する人もいる。やっぱり黒板が大きな役割を占めている。この部屋では誰もがみな、図形語を使ってしゃべるからである。

背中に黒板をかついでさえ来れば、立花君も自分の言いたいことをもっとはっきりと他人に伝えることが出来るのかもしれない、と弥生は考えた。今度、彼に会いそうなときには、小さなボードとチョークを用意して行こうかしら。専用のパッチワークの袋を作ってもいいんだけど。

それにしても立花君は来ない。どうして来ないのか、誰かに聞くわけにもいかなかったが、間もなく事情が分かった。立花君は、この秋の学期から、アメリカの大学へ渡ったそうである。考えあわせてみると、弥生に例の物体を渡してすぐのことらしい。

立花君が出かけた大学には、「数学界の巨人」と呼ばれるような大先生がいるのだそうである。

その人のもとで勉強するのが直接の目的らしい。しかし立花君は、目下のところ、正式な留学生として出かけたのではないらしい。まずは、大学が経営している語学学校へ籍を置く形という。語学の試験に通ったところで、正式に数学科の大学院生になるのだろう。そんな事情があるから、立花君は弥生には何にも言わずに、姿を消したのかもしれない。

弥生が観察したところでは、立花君はあまり語学が得意ではないらしい。きっと初めての土地で、言葉に苦労しているだろう。もっとも「図形語」には国境はなさそうである。黒板が一つありさえすれば、どんな国の人とも、意思を通じることが出来そうである。しかし食堂へ入ったり、ものを買ったりするときはやっぱり困るだろうと思う。アメリカとカナダの国境近くの大学と言えば、冬の寒さは想像以上に厳しいところだろうと予想される。

「若い人には、どうしても他流試合が必要だからね」

などと先生は感想めいた一言をもらした。

「居ながらにして、いろいろな情報が入ってくる世の中ですが、膝と膝とを接して、お互いの考え方を交換するに越したことはない。論文にまとめる段階で消えてしまう、細かいテクニックや考え方の手法は、やっぱりその人間に接してみないと分からないからね」

この人だけを先生だと思っている立花君との間に、どんなやりとりがあったのだろうか、と弥生は想像を巡らす。

やっぱり、いちばん知りたいのは、倉の石組みの間に置いたままにしてある、例の物体の正体かもしれない。立花君と連絡の取れなくなってしまった今、よけいあの物体の存在が気がかりである。

ホメオグラス

ゼミに参加して、弥生が初めてしたことは、「眼鏡」をかけたことだった。眼鏡というものは、たいてい、ものをはっきりと見るためにかけるものである。しかし、弥生がかけた眼鏡は、それとはちょっと違っていた。

ゼミの飾り戸棚の中には、石膏《せっこう》で出来た立体の模型が、いくつか置いてあった。剛さんという先輩は、そのうちの一つ、まん丸い玉の形をしたのを取り出して見せた。

「いい、まず、この立体の名前を覚えてね」

と、剛さんは言う。

「これは、『ボール』だよ。正確に言うと、『三次元のボール』」

ボールのことをボールと呼ぶんだから、何も不思議はないわね、と弥生は思った。これが、「図形語」の始めの一歩なら、いたって簡単である。

しかし、弥生の知っているボールは、外側が、ゴムの膜で出来ていて、中は空洞で、空気が入っている。しかし、先輩が見せてくれたのは、芯までそっくり石膏で出来たボールである。これが「三次元のボール」と、普通のボールとの違いである。普通のボールは、「三次元のボール」を知ることによって、弥生が捨て去らねばならない常識の一つかもしれない。

三次元の「三」は、弥生たちが住んでいるこの空間にちなんで付けられた数字らしい。そういえば、弥生が生きているこの空間のことを「三次元ユークリッド空間」と呼ぶのだということを、弥生は知っている。

「そうしてね、このボールの表面を、『スフェア』と呼ぶ。正確には『二次元のスフェア』だよ」

じゃ、スフェアって、ほんとは、存在しないものですよね、と弥生。石膏のボールは、芯まで石膏で出来ているわけだから、皮がない、と思ったのである。

剛さんは、へへっと笑った。

「ちゃんと存在してるじゃないの、ほらここに」

と言って、石膏で出来た「ボール」の表面を、つるりと撫でた。本当はないものを、あるように言うんだなあ、と弥生は思った。

それから、先輩は、おもむろに、例の眼鏡を取りだしたのである。その眼鏡は、全体が、何か、軽い素材で出来ていた。銀色の縁の上部には「HOMEO・GLASS」と白抜きの文字が入っていた。

「じゃあ、今度はこの眼鏡をかけてみて」

と剛さんは言った。

眼鏡をかけた途端、弥生には、この眼鏡が、普通とはちょっと違う眼鏡であることが分かった。ものをはっきりと見るためにかける眼鏡ではない。むしろぼんやりと見るための眼鏡である、ということが分かったのである。

「同相」ということ

「さあ、その眼鏡で、まわりを見てごらん。そうして、さっきのボールと同じに見えるものがあったら、教えてね」

弥生が、まず発見したものは、先生の机の上にあった、湯飲みである。暖かみのある素焼きの生地に、白い上薬のかかった、しゃれた湯飲みだった。湯飲みだから、もちろん、取っ手は付いていない。

その縁が、急に、溶けだしたかと思うと、全体が、丸まっちく、つぼんだ形に姿を変えたので、弥生はぎょっとした。湯飲みは、どう見ても三次元のボールと同じ、丸っこい姿になって、先生の机の上にのっていたのである。

それから、黒板のはしに転がっている、チョーク。白いのも、赤いのも、青いのもみんなそろって、あの石膏で出来た三次元のボールと同じように、まん丸く凝り固まった立体に姿を変えた。

ガラス戸の方に目を転ずると、その中には、いろいろな石膏模型が入っている。立体図形の名前を覚えるために使う、石膏模型である。しかし、眼鏡をかけた弥生の目には、それらの模型がすべて、さっきのボールと同じに見えた。

なんだか不安になって、弥生は思わず、眼鏡を額の上へと上げた。自分の目で見たガラス戸の中には、少し汚れた石膏模型そのものがおさまっているだけだった。それらの模型には「三角錐」だの「円柱」だの「直方体」だの「正六面体」だのと書かれた、ラベルが貼ってあった。

「いま君が、その眼鏡で見て、三次元のボールと同じに見えたものは、すべて『三次元のボールと同相だ』と言うんだよ。このゼミではね、『同相』なものは、すべて『同じ』と見なしていいんだ」

弥生はもう一回、眼鏡を手に取ると、それをかけ直してみた。机の上にある、ずいぶんたくさんのものが、三次元のボールと同じに見えてきた。しかし、どう見ても三次元のボールと同じには見えないものがある。

眼鏡を外してよく見ると、それは、紙のお皿に載ったドーナッツであった。穴の開いたドーナッツである。ゼミのおやつの食べ残しと見える。

「このドーナッツは三次元のボールと同じには見えませんよね」

と弥生は確かめる。

「そのとおりだよ」

と先輩は請け合った。

「でもね、このゼミでは、ドーナッツ形の図形のことを、ドーナッツ、とは言わないんだよ。『トーラス』というのが、正式な名前だよ」

お菓子のドーナッツは、芯まで、ドーナッツの生地で出来ているはずである。こういうふうに中身の詰まったトーラスを、「ソリッドトーラス」と呼ぶのだそうである。ドーナッツの表面だけを言いたいときは、単に「トーラス」と言えばいいらしい。

で、弥生は眼鏡をかけて、ソリッドトーラスと同じに見えるものを探してみた。白く光ったものので、その胴体に、なんだか、赤い花のような飾りのある立体が、ソリッドトーラスと同じに見えた。眼鏡を外してみると、それは、先輩の誰かのマグカップであった。花柄に、取っ手のついたものであった。

次の瞬間、「わあー」と弥生は、悲鳴を上げてしまった。何十個もの穴の開いたソリッドトーラスが、弥生をにらんでいたからである。机の下にあった、テニスのラケットを見てしまったのである。

「トーラスは穴の数で、区別するんですか」

と弥生は聞いた。

「そうだよ、トーラスに穴がいくつ開いているかということは、この種の図形にとっては、大切な性質だからね」

トーラスの穴の数のことを「ジーナス」と呼ぶそうである。そうすると、ゼミの机の上に置いてあったドーナッツは、「ジーナス1のソリッドトーラス」ということになる。先輩のマグカップも、これに同相である。

テニスラケットのジーナスはいくつだろう。だけど弥生は、あんまり数えてみたいとは思わない。

同相という眼鏡は、個々の図形から、その図形に共通な性質を、取り出してみせる眼鏡らしい。個々の図形の形から、線と線や、面と面とのつながり方の共通性を取り出してみせる眼鏡らしい。

※オープンボール

剛さんは、手元から、また何か、立体を取り出した。弥生の目には、それは一見、三次元のボールと同じ形に見えた。しかしよく見ると、その表面が、なんだか、ぼやけて見えるのである。ドライアイスの煙のようなものが、そのボールの表面から立ち上っていて、ボールの表面を、見にくくしているのだった。うっかりさわると、手のひらをやけどしそうである。とても、表面をつるりと撫でてやることなんか出来そうもない。

「これはね、『三次元のオープンボール』。三次元のボールから、その表面であるスフェアを、取り去ったものなんだ」

表面の皮がないから、ゆらゆらして見えるんだわね、と弥生は納得した。

「こっちを見てごらん、眼鏡をかけて」と、剛さんは言った。

眼鏡をかけた弥生の目に映ったものは、先輩の手の上のオープンボールが、徐々に、ふくらんでいく姿だった。そのボールは、先輩の手のひらを呑み込み、先輩自身の姿を呑み込み、あっと思ったときには、二人を隔てていた机を呑み込んで、弥生の方へと迫ってきた。

柔らかい、くもの巣のようなものが、顔や体をかすめて通り過ぎて行く感覚があった。あら、私も捕まってしまったらしい、と思ったときには、もう例のオープンボールは、ゼミ室全体を呑み込んでいた。窓の外に目をやった弥生の目に映ったのは、校舎の建物を呑み込み、外の木立や電線を呑み込みながら、なおも膨張していくオープンボールの姿であった。

弥生は、あわてて、かけた眼鏡をむしり取った。その途端に、なんだかうっとうしいとばりの中に入ったような感覚は消え失せた。弥生のまわりで、何もかもが、あるべきように明瞭に見えだした。机も、壁も、剛さんの顔も、彼の手にあるオープンボールの姿も。

いや、もうそのボールはオープンボールではなかった。先輩が、いちばん初めに示してくれた、三次元のボールそのものが、手のひらに載っていたのである。先輩は、もう一方の手で、そのボールの表面をつるりと撫でて見せた。

「三次元のボールから、その表面であるスフェアを取り除いたオープンボールは、僕たちが生きている、この三次元ユークリッド空間全体と同相なんだよ」

❦がらくた「多様体」

「『多様体』って、何でしょうか」

と聞いたら、剛さんは、ゼミの机の上にある、様々なものを、ざっとかき集めて見せた。

「これ、全部、多様体さ。厳密に言うと、すべてが、三次元の多様体」

本に、ノートに、バインダーもある。コーヒーマグも、急須《きゅうす》もあれば、砂時計もある。フロッピーディスクに、脱ぎ捨てられたジャージ。テニスのラケット。携帯電話。先週のドーナッツが、レースペーパーの上に、一個だけ残っている。これに、塩煎餅と、カルメ焼きが付け加わって、時の経過を物語っている（図2-2）。

これらの立体に、共通な性質って、何だろう、と弥生は考えた。数学では、ある名称によって一くくりにされたものは、すべて、共通の性質を持っているはずである。

「まず、この眼鏡で見てごらんよ」

と先輩は、すすめた。で、弥生はホメオグラスと書かれた、例の眼鏡をかけてみた。

そうすると、机の上の立体は、たちまち姿を変えた。どんどん単純なものになっていく、と言ってよかった。まるで、「正体」を現したみたいだった。

間もなく、机の上にあったすべてのものが、ボールか、ソリッドトーラスと同相なものに見えだした。ただし、トーラスの穴の数は、実にまちまちなのだということも分かった。

そうすると、少なくとも、これらのボールやソリッドトーラスに共通な性質が、「多様体」を特徴づける、大切な要素、ということになる。

「降参？」

図2-2

「うーん」と言ったきり、弥生には言葉が出なかった。分かっているようで言葉にならない事実ってこの世にはあるもんだ。しかし、簡単に降参するのも、口惜《くちお》しい。くやしまぎれに、こんな質問をしている弥生であった。

「じゃ、多様体でないものは、ここにはないんですか？」

剛さんは、部屋の隅々を、注意深く見回していたが、やがて、何かを取り上げた。大理石を磨いて、まん丸くしたボールが、二つ、出窓の上に載っていたのである。直径が、五、六センチばかりの、同じような大きさの石のボールである。

ゼミの誰かが、中国旅行をして、おみやげに買ってきたものと聞く。これを二つとも手のひらに載せて、指だけで自由に回す訓練をすると、頭が良くなるという噂の品であった。

「もしもこの二つの球が、ぴったり接触したとするね。そうすると、この二つの球は、合体して、一つの立体になるよね。こうして出来た立体は、三次元の多様体ではない例と考えられる」

球と球とが接触した場合、接触点は、ただ一個の点となっているはずである。その点のまわりに、多様体という言葉の意味を探る、秘密が隠されているらしい、と弥生は思った。

一次元と、二次元のボール

　ホメオグラスをかけて本を読んだら、面白いことが分かった。活字がみんな、短い線か、ちっちゃな丸か、それとも、これらを組み合わせたものに見え出したのである。

「むかし」というところを読んだら「す+|ー」という具合に見えたので、面食らった。「卄よ||」というのを、眼鏡を取ってみたら、ひらがなで書いた弥生自身の名前であった。

　短い線のことを、数学では「線分」と言う。いや別に短くなくてもいいのである。直線の一部を、両端まで含めて「線分」と呼ぶ。そうして、この線分と同相な図形を、「一次元のボール」と呼ぶのである。一次元の「一」とは、もちろん、直線にちなんでつけられた数字らしい。直線のことを、「一次元のユークリッド空間」と言うからである。弥生にとっては、昔、従兄の信吾が作ってくれたロープによって、おなじみになった世界だった。

　わっかは明らかに、線分とは違う図形である。ホメオグラスを通してみると、活字の世界は、すべて、わっかと線分との組み合わせからなっていることが分かった。

　活字の中のわっかの内部には、当然、小さい紙の部分がある。活字のわっかとは、その内部に、紙で出来た小さい円形を囲んだものであると言える。

活字のわっかに、その内部の紙の部分を含めた全体を「二次元のボール」と呼ぶ。「円周」にその内部も含めた円全体のことである、と言ってもよい。

二次元の「二」は言うまでもなく、「二次元ユークリッド空間」から取られた数字である。平面のことを「二次元ユークリッド空間」と呼ぶからである。

二次元のボールのことを、「円板」と呼ぶこともある。板という字が使ってあるので、厚みがあるように感じられるが、「円板」と言うときには厚みは考えない。円周に内部も含めた全体を言う言葉である。見えるけれど本当は存在しない図形かもしれない。

いや、活字の世界には、間違いなく存在するものである。そうすると「二次元のボール」って、かなり物語的な存在じゃないかしら、というのが弥生の感想である。

「二次元のボール」の存在が明らかになると、今度は「わっか」の方にも、もう少し威厳のある名前が付く。わっかは二次元のボールの、境界になっている図形だから、「一次元のスフェア」である。

わっかにも円板にも、それぞれこれと同相な図形が存在することを、弥生はホメオグラスで、本や黒板の絵を見て確かめた。

❦「多様体」とは

「ちょっとおもてへ行こうよ」と、先輩の剛さんは言う。ゼミの始まるまでには、まだ少し時間がある。散歩に誘ってくれたのだと思って、弥生はついていった。

ゼミのある建物の前に、さくで囲われた小さなグラウンドがある。時々、ラクロスのスティックを握った運動部が、練習していることもあるが、今日は使われていない。

「君が立ってる地面の下には、ちっちゃい植木鉢が埋まってるんだよ」

と剛さんは言った。

「僕の足の下にも埋まってる」

弥生は、自分の足の下に埋まっている、小さい植木鉢を想像した。弥生が根を生やすに足りる、小さな地面、言ってみれば、「ちっちゃい地球」を保存している植木鉢かもしれなかった。

「さて、君の足の下の地面の中には、いま、蟻んこが一匹いるんだ。こっちは、地球という『球体』の内部に生きている。この蟻んこにも、君の場合と同じように土の詰まった『植木鉢』を用意してやれる。

ごく浅い植木鉢を考えれば、この鉢は、地面からまったく、うかがい知れないように用意することもできる。見えなければ、ふたをしたって構わない。こっちは『植木鉢』というより、『ふた付きのポット』と言った方がいいかもしれない入れ物だね。

僕らが、大きなボールのような惑星の表面に生きていようと、それとも、大きなソリッドトーラスのような惑星の表面に生きていようと、足の下の地面に、ちっちゃな植木鉢が用意できるって事実には、変わりがないと思わないかい？

地面の下に生きている蟻んこのためには、表面から見えないような、『ふた付きのポット』が用意できるってことも変わらないよね？

『多様体』というのは、その表面や、内部で生きているすべてのものたちに、その中に根を生やすに足りるちっちゃな『植木鉢』や、その内部で生きることが可能な、『土の詰まったポット』の存在を、保証している立体のことなんだ」

と先輩は言った。

「別に難しいことじゃない。この世の中に存在しているほとんどすべてのものは、図形として見れば、三次元の多様体なんだからさ。多様体という概念は、ごくありふれた図形の性質を取り出して見せたもの、とも言える。『多様体』という概念が難しいんじゃない。ごくありふれたものの性質を、正確に表現しようとする作業が、難しいことなんだよ」

弥生が例の眼鏡で確かめたところによると、「土の詰まったポット」とは、先輩が初めに教えてくれた三次元のボールと同相な立体である。また、「土の詰まった植木鉢」とは、そのボールを、半分に切ったものと同相な立体である。

❀囲いのない「囲い」

「ところがその次に、数学者は、ちょっと理解しがたいような奇怪な行動にでる」

と剛さんは続けた。

「君の立っている植木鉢や、中に蟻んこのいるポットから、土を入れている瀬戸物の部分をたたき壊して、みんな捨ててしまったんだ。この行為はひとえに、鉢やポットの中の土が、知らない間に、みんな流れ出てしまって、空っぽになることを防ぐ方便らしい。

そもそも『囲い』とは、中身が流れ出ていくのを防ぐために存在する、という考え方があるよね。きわめて常識的な考えと言える。

その反面、囲いがあるからこそ、中身がすっからかんに流れ出ていってしまう事態が起こりうるのだ、という考え方もあるだろう。囲いなんかなければ、中身がすっかりなくなってしまうという事態は起こり得ないだろう、という発想だよね。

数学者は、どうも、この、後者の考え方に立ったらしい。鉢やポットから、囲いになっている

図2-3

瀬戸物の部分を、みんな砕き落として、捨ててしまったのさ」

ふた付きのポットから、周囲の瀬戸物の部分をみんな砕き落として捨ててしまったら、どうなるのだろう。その立体は、先輩が示してくれたボールから、その表面であるスフェアを取り除いた立体と同相になる。つまりオープンボールと同相な立体が出来るはずである。

植木鉢から、周囲の鉢の部分をみんな砕き落として捨ててしまったら、どうなるのだろう。オープンボールを半分に切り落とした立体と同相な立体が出来るはずである。

「三次元の多様体」とは、「この立体を構成しているどんな点を取っても、その点を内部に含むようなオープンボールまたはオープンボールを半分に切った囲いをくり抜くことが保証されている立体である」と先輩は言った。

オープンボールをくり抜くことが出来る点を、その多様体の「内部の点」、オープンボールを半分に切った立体しかくり抜くことが出来ない点を、この多様体の「境界の点」と言うのである。

弥生は、自分の足の下に、輪郭のない小さな半球状の立体を思い描くことが出来る。地面の下にいる蟻んこの周囲には、輪郭のない、球状の立体を思い描いてやることが出来る（図2－3）。蟻んこが、地表のごくごく近くにいたとしても、出来るのである。これこそ、数学者が鉢を砕き落としておいてくれたがゆえの効用かもしれない。

それから先輩の眼鏡を借りて、足下のオープンボールやこれを半分に切った図形をのぞき見れば、それらが三次元ユークリッド空間全体や、それを半分に切った空間に広がるのを見るだろう。

つまり、三次元の多様体とは、「そこに存在するすべての点に対して、三次元のユークリッド空間、もしくは、それを半分に切った空間に同相な囲いが保証されている世界」である。世界のほんの一部分ずつが、おのおの世界全体を担《にな》って出来上がっている世界である、と言っても良い。

自分がこんな世界に生きているのだとは、弥生はこれまで考えてみたこともなかった。多様体のベッドで眠り、多様体のご飯を食べ、多様体の電車で通学する。考えてみると弥生自身の肉体も、一つの多様体に他ならないのである。

まるで、空気の存在に気づかされたみたいな気分である。数学とは、新しいものの見方を、弥生に示してくれる学問である。

ノミの目とアメーバの目

弥生は、今では、ゼミの机の上にあったさまざまな物体が、なぜ三次元多様体と見なせるのかが分かる。ただし、そういう見方をするためには、弥生はノミの目を持ったり、アメーバの目を借りたりしなければならないことも分かった。

本の一ページ一ページが、大根の短冊切りを重ねたくらいに分厚く見えるようになれば、この本の表面や、紙の内部のどんな点のまわりにも大根だけで出来た、ボールやこれを半分に切ったボールをくり抜くことが出来る。

ジャージを作っている一本一本の繊維が、ソーセージの束くらいに太く見えるようになれば、繊維の中や表面のどんな点に対しても、ミンチ肉だけで出来たボールや、それを半分に切ったボールをくり抜くことが出来る。もっとも、これらのお総菜から、その表面を取り去る手さばきについては、数学者の先生に任せなければならないだろう。

それと同時に、二つの球体を一点でくっつけた立体が、なぜ、三次元の多様体にならないのか

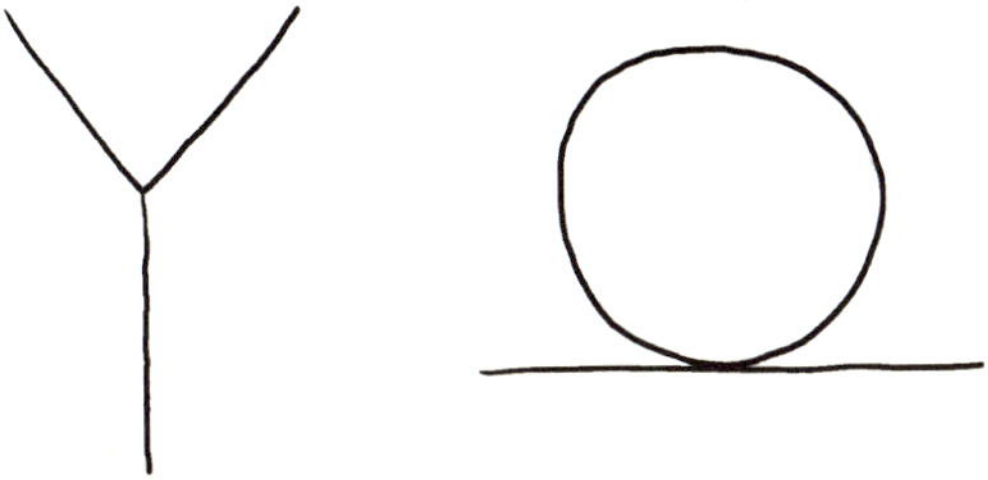

一次元多様体でない例

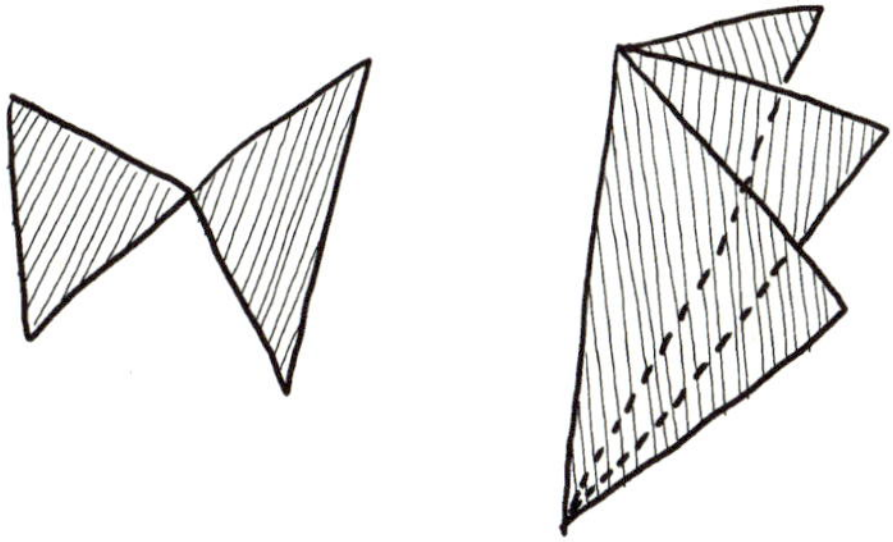

二次元多様体でない例

図 2-4

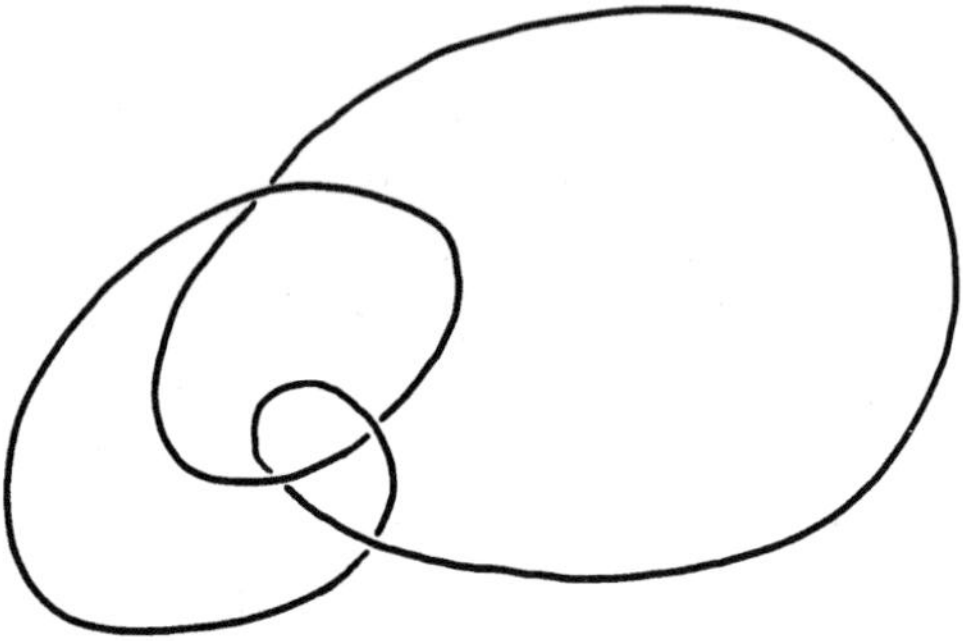

図 2-5

説明できる。その一点においては、どう工夫しても、オープンボールまたはオープンボールを半分に切った立体に同相な囲いをくり抜くことが出来ないからである。ノミの目で見ても、アメーバの目を借りてもだめなのである。

それから、多様体は別に三次元のものに限らないということも分かる。それぞれの図形に対して、各点のまわりに、同じ次元のオープンボールや、オープンボールを半分に切った図形の存在を保証してやればいいからである。

ということは、多様体を構成している図形は、すべて同じ次元の図形の寄り集まりでなければならない、ということだ。面と線がくっついていたり、多面体同士が、面や線でつながっていたりする図形は、それだけで多様体のくくりから外れていってしまうのである（図2-4）。

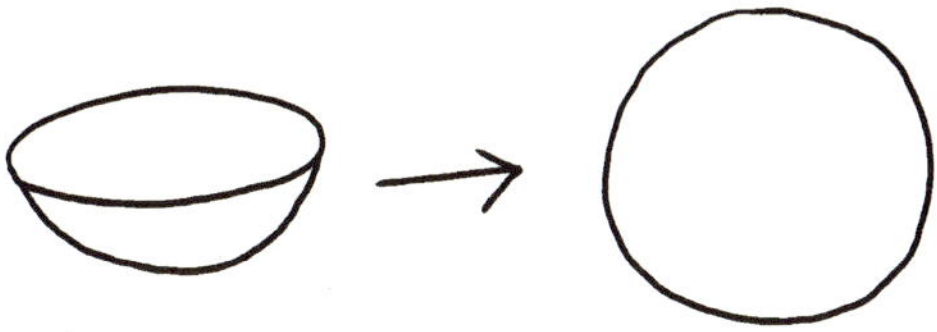

図2-6

わっかと結び目

次のゼミへ行ったら、黒板に、わっかを一回、空間の中でひねったような図形が描いてあった。このような図形を「結び目」と言うのである。この絵は、先週からずっと、黒板の片隅に描いてあったのを覚えている（図2-5）。

弥生が「変だな」と思ったのは、先週、例のホメオグラスで黒板の絵を見たとき、わっかとこの結び目とがまったく同じ図形に見えた、という事実である。ということは、わっかと結び目は同相な図形ということになる。

しかし、あの眼鏡をかけていない今は、二つの図形は明らかに違う図形に見えるのである。どっちの目を信用したらいいのだろうか。

弥生は、早く先輩の剛さんが現れないかなあ、と思っている。そうしたらまた、彼から眼鏡を借りて、黒板の絵をながめ直すつもりである。いや、本当は、倉の後ろに置いてある物体をこそ、のぞいてみたい弥生かもしれない。

待ちくたびれて、あくびをしたら、涙と一緒に、コンタクトレンズが外れてしまった。弥生は、外れたコンタクトレンズを、人差し指の先に載せて、はめ直そうとした。

その時、弥生は、ひょっと思ったのである。このコンタクトレンズは、現実のものとしてはもちろん、三次元のボールに同相な立体である。ホメオグラスで見れば、たちまち、樹脂で出来た、丸っこい固まりに変わるだろう。

しかし、図形として見れば円板、つまり、二次元のボールと同相な図形と言うこともできる（図2-6）。

この図形は今は、へりのそった形になって空間の中に存在しているけれど、円板としてなら、平面の中だけで、十分生きられるはずである。

つまり、各図形や立体には、それが所属しうる、最低限の空間があるのではないかなあ、と思ったのである。

一次元のボールである線分は、最低、直線の内部、つまり、一次元のユークリッド空間の中に存在できるから、所属は一次元である。

しかし、一次元のスフェアであるわっかが存在するためには、最低、平面が必要である。だからわっかの所属は二次元である。

そうして、わっかをいったんひねって出来上がった結び目は、もう、平面の中には存在し得なくなっているのである。つまり、結び目の所属は、三次元である。

図形としては同相なのに、所属の空間が違う図形が、存在しうるのである。

しかも、図形たちが、自分たちの所属である、最低限の空間にとどまっている保証なんかどこにもない。

輪ゴムのわっかが、ひょうたんのような格好をして、空間の中にくつろいでいる姿は、しばしば見られるところである。こころみに、弥生が、指で輪ゴムの8の字を、ちょこんとさわると、まるで居住まいを正すかのように、わっかにもどって、本来の所属である平面の中におさまるのである。

ということは、図形というものを考えるときは、単にその図形の形だけに目を付けているのでは不十分である。その図形が、どんな空間の中に、どう入っているかについても考えなければいけないということになる。

位置と形相

弥生はその日、ゼミの前に、別の先輩、増田さんから、立花君の先生たちの取り組んでいる学問の名前を教えてもらった。「位相幾何学」というのがその名前であった。

「位相」の「位」とは、「位置」の「位」から取った言葉である。図形が空間の中にどう入っているか、を表す言葉だという。これに対して「位相」の「相」の方は、「形相《けいそう》」というやや難しい単語から取られていて、こっちは図形そのものの「形」を意味する言葉だそうである。

弥生はまだ、例の先輩、剛さんが顔を出さないかしら、と待っている。この前ホメオグラスを貸してくれた、あの先輩である。あのホメオグラスには、その図形が入っている空間を感知するセンサーのような装置は付いていなかったのかしら、と思ったからである。入れ物の空間ごと図形を感知できたら、すばらしいと思う。

もしも、ある図形が、ある空間に入れないような場合にはブッブーと鳴って、教えてくれるような装置が付いていたらすばらしいと思うのである。でも、彼はとうとう、姿を見せなかった。

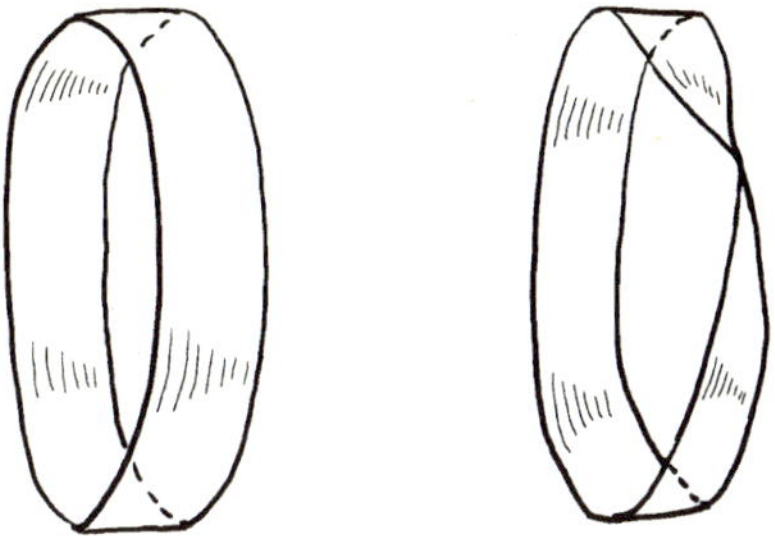

図 2-7

四次元の手ざわり

「空間への入り方という点ではね、こういう例があるよ」と、さっき位相幾何学について説明してくれた増田先輩が言った。弥生が思うには、この人は、弥生が初めて先生の研究室を訪れた時、その場へ飛び込んできたあの人だと思う。

増田先輩は、長細い紙テープを二枚取り出すと、端を糊でくっつけて、二種類の輪を作った。それを机の上に並べて「分かる?」と聞いた。

「この二つの図形、どう違っているか、分かる?」

一方は、紙テープの表面が平らな状態でつなげたもの、もう一方は、紙テープの表面を一回ひねってから、つなげたものである。ひねってからつなげたものには「メビウスの帯」という名前が付いている、と先輩は教えてくれた(図2-7)。

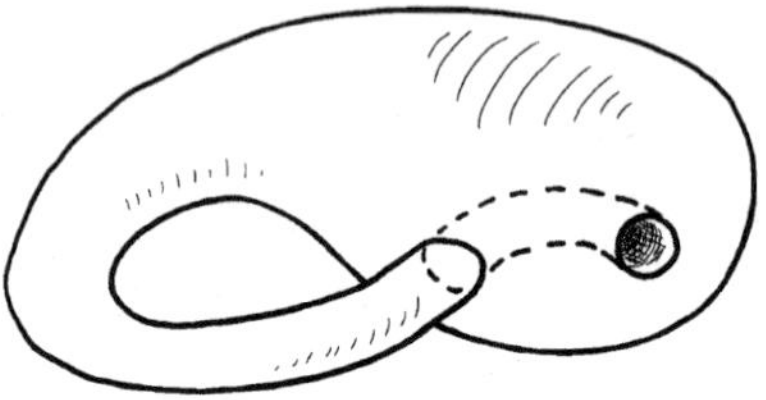

図2-8

「メビウスの帯の、真ん中あたりから、線を引いてそれをたどってごらん、面白いことが分かるから」

と先輩は言った。

弥生の鉛筆の線は、知らない間に、図形の裏側にまわっている。メビウスの帯は裏表のない図形なのである。

しかし、ふつうの輪もメビウスの帯も、一枚の短冊を貼り合わせて出来る、という点では同じである。しかし「向き付け」出来るか、出来ないかの違いがあると、先輩は言った。「知らない間に裏側へまわってしまう」という事実を、位相幾何学では「向き付け出来ない」と言うらしい。

「いま、僕が貼り合わせたのは、一枚の短冊だけど」と先輩が続けた。

「今度は、卒業証書を入れる筒から、ふたも底も取ってしまったような円柱を貼り合わせたら、どんな図形が出来ると思う?」

「ドーナッツ形でしょう?」と言いかけて、弥生はあわてて

「トーラスですよね」と言い直した。増田先輩は、満足したように笑った。

「そう、すなおに貼り合わせれば、トーラスが出来る。でも、円柱状の筒を、一回ひねって貼り合わせたら、どうなると思う？」（図2-8）

「そんなこと出来っこないですよ！」

と弥生は即座に言い放った。自分の両手を思わず、変な格好にひねっていた弥生だった。

増田先輩は、弥生の手元をちらっと見て、意味ありげに笑った。

「そう、僕らが生きているこの空間の中では、出来ない。でも、円柱を一回ひねってくっつけることが出来る空間があるんだよ」

「それって、どういうことなんですか？」

「四次元へ行けばいい。四次元のユークリッド空間へ行ってみればいい」と言ったところへ、食事をおえたらしい先生が入ってきた。定例のゼミが始まる時間を、少し過ぎていた。

❦決してあきらめからではなく

弥生は、ずっと以前に従兄の信吾が、三本の指でVサインを作って見せたのを思い出した。彼の、三本の指を延長した直線を考えれば、この空間の中のすべての点は、三つの数字で表されることになる。

三次元の場合から類推すると、四次元の空間の中の点は、すべて四つの数字を一つのかっこに入れたもので表されることになる。しかし、その四つ目の軸とは、人差し指と親指と中指に加えて、薬指まで動員すれば間に合う、という種類のものではなさそうである。

一方では、弥生は、四次元の世界とは、過去にも未来にも自由に行き来出来る世界だと、聞いたことがある。そうすると、四次元の空間を表す、四つ目の軸は、「時間」の軸だということになる。

森羅万象を乗せた、三次元の空間が、時間の軸を滑って行く、と考えると、四つ目の軸の存在が、より具体的に考えられることは確かである。しかしこの考えには、いつでもある種の詠嘆調が付きまとっていることも確かである。

弥生は、もちろん、いつの頃からか、人間は過去には戻れないし、未来を知ることは出来ないのだと納得していたと思う。その考えはいつでも、三次元の空間に住む人間の限界を知る、ということに結びついていた。

しかし、あきらめだけがただ一つ四次元の空間について知る手がかりである、という考えには、決して納得していなかった自分がいることに初めて気づいた。増田先輩に、筒形をひねってくっつけた図形の存在を、教えてもらったのがきっかけかもしれなかった。

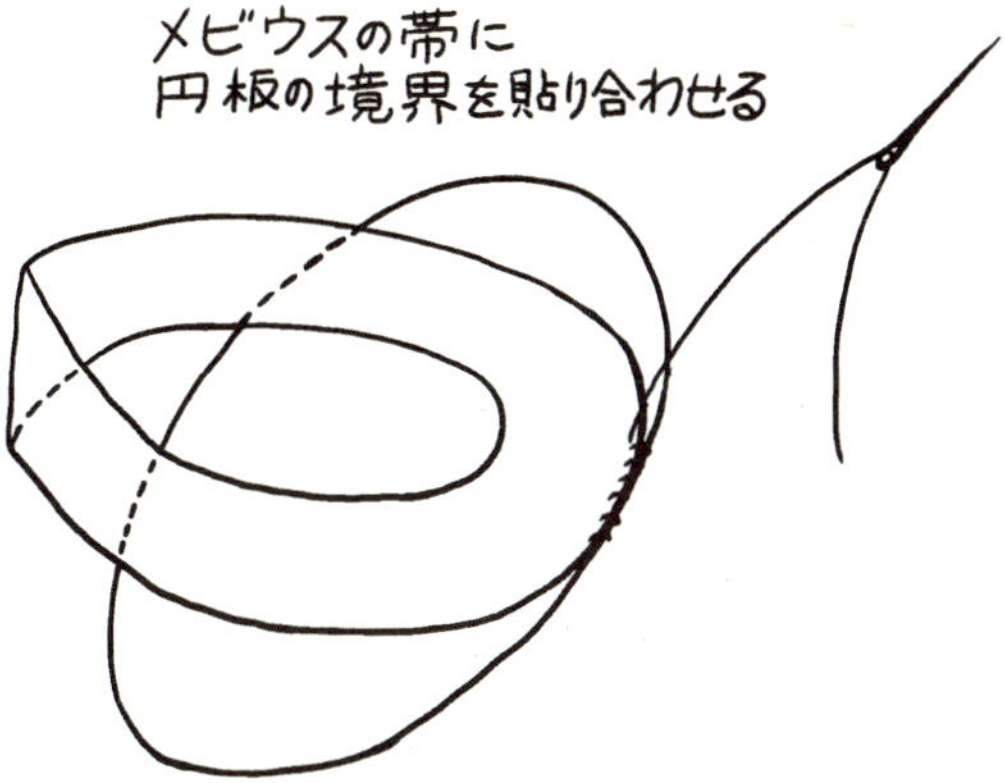

図 2-9

筒形をひねってくっつけた立体の表面を「クラインの壺」と呼ぶのだと、先輩は言っていた。クラインの壺が実現しているのが、四次元の空間である。そうするとこれは、四次元の世界についての、初めての、具体的な情報である。何の詠嘆調も加わっていない、四次元の現実をかいま見た、と弥生は思った。

　クラインの壺は、二次元の多様体の一種である。二次元の多様体の仲間には、三次元の空間の中に存在し得ない立体があるのである。一次元の多様体である結び目が、二次元の空間の中には存在し得ないのと同じ理屈かもしれない。

「二次元多様体で、三次元の空間の中に存在し得ない立体は、他にもあるんでしょうか？」

　と、弥生は聞いてみた。

「『射影空間』というのが、それだね」

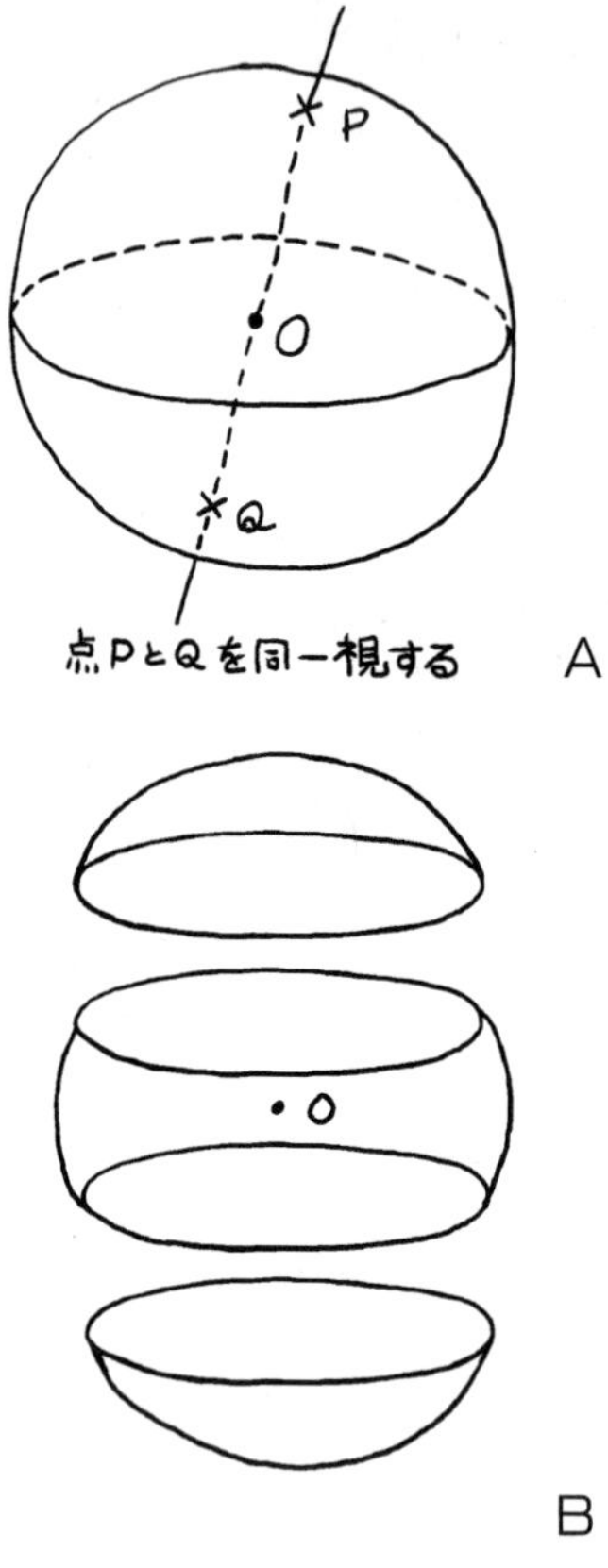

図2-10

と、増田先輩は言った。

「射影空間」とは、メビウスの帯のまわりに、円板をその周囲の円周に添って、貼り合わせたものだという（図2-9）。なるほどこうした縫いあわせは、細かい一部分については常に出来るような気がするけれど、全体となると難しそうである。

弥生が、難しそうに目を細めているのを見て、増田先輩はこんなことを言った。

「射影空間はね、こんなふうにしても実現できるんだ」

三次元空間の中に、球面が一つある。一本の直線が、この球面を貫いて出て行く。しかし、貫き方には、条件がある。いつでも、その球の中心を通るように貫くのだそうである。

そうすると、球面の上には二つの交点が出来る。これらの交点を、同じものと見なしたのが射影空間である、と増田先輩は言った（図2-10A）。

二点を同じものと考えた図形を想像するのは、貼り合わせるより、ずっと難しそうだわ、と弥生は思った。

「球面を三つの部分に分けて、その部分ごとに、どの点とどの点を同じと見なすのか考えると、メビウスの帯に、円板の境界が貼り合わさって射影空間が出来上がる様子が具体的に分かるよ」

と先輩はヒントをくれた（図2-10B）。

「わっかが、三次元空間に埋め込まれたのが結び目ですよね。もしも結び目を四次元の空間の中に入れたらどうなるんでしょう？」と弥生。

「結び目は、ほどけてしまうんだよ」

と先輩は言った。

弥生はまたもう一つ、四次元の空間についての、具体的な情報を得た、と思った。

「射影空間」の作り方と、「結び目」のほどき方は、是非とも自分で考えてみたい問題である。

ちょっと、散歩ごころに誘われた弥生かもしれない。行く先は、四次元の世界だけれど、なんだか、キャンパスの並木の先に、つながっているような気がするのである。

行きずりの人

昼ひなかのキャンパスで、弥生は知った顔とすれ違った。弥生にホメオグラスを貸してくれ、三次元の多様体について教えてくれた、あの剛さんである。どうしたものか、彼はこのごろ土曜日のゼミにはやって来なくなっていた。

「どうして来ないんですか」などと弥生は聞かなかった。ただ、元気そうなので良かったと思った。

就職が決まったというので、「それは、良かったですね」と、弥生は心から言った。

就職先は、お好み焼き屋だそうである。何でも、実家がお好み焼き屋をやっているらしい。家業を継ぐために、同業の店に就職するのである。つまり、昔風に言うと修業に出るのかもしれない。

「もう、数学はやらないんですか」

と聞くと、剛さんはちょっと口元をゆるめた感じだった。

「僕には、四次元が見えないからなあ」

と言った。その声には少しも、自嘲の様子はなかった。

「どうしたら四次元の世界は見えるんですか」と、弥生は尋ねた。

「四次元が見えないと言ってる人間に、そんなことを聞くなんて矛盾してるよ」と先輩。

それもそうだなあ、と思ったけれど、弥生はその場を動かずに、しばらく、じっと立っていた。黙っていると、向こうから何か言ってくれる人だということに、弥生は気がついている。

果たして先輩は、

「君は、三次元の空間って、あると思う？」

と聞き返した。

「あるでしょう？」

と弥生は、ちょっとむきになった。先輩と弥生とが話している、この空間、秋の陽差しの中を、時折、落ち葉の舞い散るこの現実こそが、すなわち、三次元の空間の実体ではないだろうか。

「それが、ないんだよ。数学的にはない」

一次元の空間である直線も、二次元の空間である平面もない、と剛さんは言った。

「確かに、直線も平面も、これがそれですよ、と言って、取り出して見せることは出来ませんよね」

と、弥生は考え考え言った。三次元のボールの表面である二次元のスフェアも、本当は存在しないものかもしれないと思った、ゼミでのあの場面を思い出したのである。

「三次元の空間だって、ないんですよ。あるのは、僕がこれからお好み焼きを焼きながら生きてゆく空間だけ」

「それが、三次元の空間なんでしょ?」

と弥生は確かめた。剛さんは、モナリザのごとく、唇だけで笑った。もしも、男のモナリザがいるとしての話である。

「それでは、君も、僕と同じく、四次元の世界を見ることは出来ないだろうよ」

と先輩は繰り返した。

なら、せめて例のホメオグラスだけは借りておこう、と弥生は思った。図形の「同相性」をぴしゃりと言い当てる、あの眼鏡があったら、何かと便利そうである。借りて帰ることが出来れば、真っ先に、倉の後ろに置いてある、例の物体をのぞいてみるつもりだ。

「あれは、焼いてしまったよ」

と、剛さんは言った。

「あれは、三次元の空間の中でしか使えないの」

「もしも、四次元で使えれば、先輩、自分で使いますよね」

と弥生は、妙に勢い込んで言った。言ったあとで、そんなこと言わなければ良かったと思った。

しかし、先輩は別に気を悪くした様子でもなかった。また例によって、モナリザのごとくにほほえんだだけであった。

「食べに来てね、お好み焼き」

「行く。行く」と弥生は答えた。

「まあ、二年後か、三年後の話だけどね」と剛さんは言うと、きびすを返した。

パイワンとは

剛君が、数学に見切りを付けてしまったのは惜しい、とゼミの始まる前に先輩たちが話してい

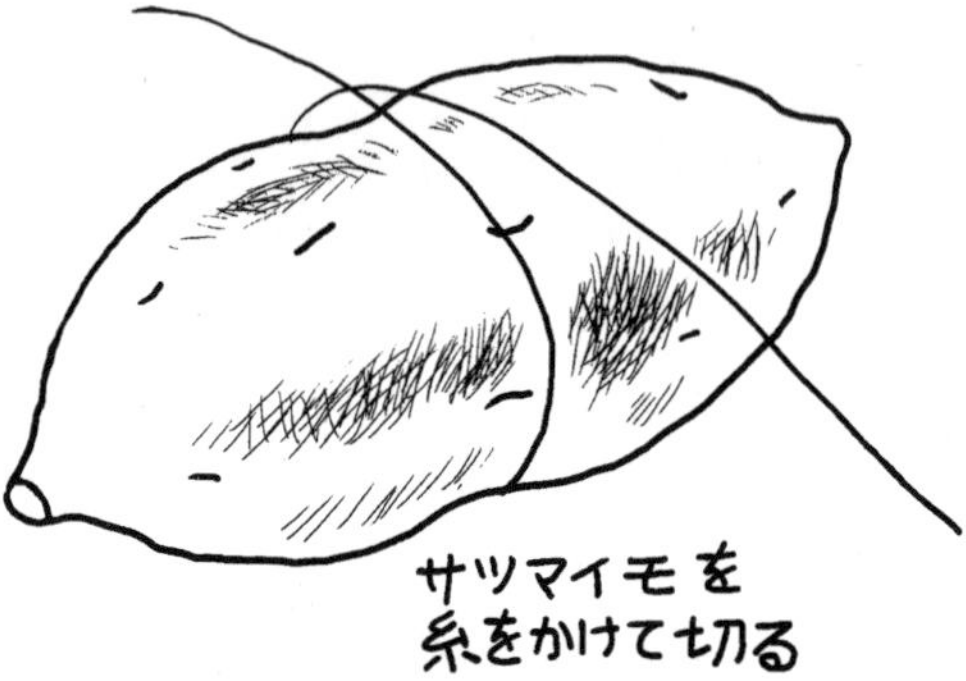

図2-11

た。図形を見る方法はいろいろとあるのになあ、と言うので、弥生は、思わず、首を伸ばして、話に耳を傾けた。「パイワン」に精通してくれるだけでも、ずいぶん助かる、と話す声もした。いやもっと他の、「位相不変量」を開発する方法だってあるはずだよ、と別の人が言った。

「パイワン」って、あの時の、立花君の言葉の中にもあった、と弥生は思った。そうすると、それは位相不変量の一つである！　もっとも位相不変量という難しげな単語は、たった今の、聞きかじりである。

先輩たちの話の流れを総合すると、「パイワン」というのは、図形を見る方法の一つである。しかし、直接に見る方法ではないらしい。

三次元のボールと、ソリッドトーラスは、どちらも三次元の多様体である。しかし、足下の地面をにらんでいるだけでは、両者の違いは分からない。ホメオグラスをかければ、すぐに全体像が見えるが、あの眼鏡は、今はもう、ないのである。

　となったら、どうやって両者の違いを区別するのだろうか。

　弥生は昔、おばあさんが、ふかしたサツマイモを切っているのを見たことがある。おいもの胴体に、木綿の糸を巻いて、巻いた位置で糸を重ねる。それから、糸を引き結ぶと、おいもはきれいに二つに切れる。糸自身は、元通り、一本の糸に戻るから、何回も繰り返して使えるのであった（図2-11）。

　球体とソリッドトーラスを見分ける方法が、おいもに糸を巻いて、これを切断しようとしていた、おばあさんの手つきにどことなく似ていることに、弥生は間もなく気づいた。

　おいもに巻いた糸が、徐々においもの内部に食い込んでいき、切断が終わったときには、元通り一本の糸にもどる、というところが似ているのである。

　長細いおいもも、丸っこいのも、立体としてみれば両方とも、三次元のボールと同相な立体である。このおいものどんな場所に糸をかけても、その糸を引き結ぶことによって、糸の輪は、おいもの内部で徐々に引き絞られ、最後には一本の糸に戻るはずである。

　この頃は、どうしたものか、ソリッドトーラスの格好をしたおいもが取れることもある。このおいもに糸をかけて、おいもの内部で徐々に糸の輪を引き絞りながら、これを切断することも、もちろん可能である。しかし、糸のかけ方によっては、こうした切断の出来ない場所がある。

もしも、ドーナッツ形のおいものまわりに、鉢巻きのように糸をかけたとする。この糸を引き絞ると、糸の輪は、必ずドーナッツ形の「穴」の部分に引っかかるはずである。つまり、この場合には常におおいもの内部を通過しながら、徐々に小さくなってゆく糸の輪が取れなくなってしまうのである。

立花君は「パイワンが消えてるけど」と言っていた。彼の言葉の意味するところも、とどのつまり、一本の糸で、おいもを切ろうとしていたおばあさんの手つきと、あまり変わるところはないような気がした。

彼も、自分の作った多様体にわっかをかけて、これを引き絞ろうとしてみたのである。そうしたら、どんな場所で、どんなふうに糸をかけようとも、その糸の輪が、その多様体をはみ出すことなく、徐々に小さくなり、最後には「一点に縮んだ」ことが分かったのである。これが「パイワンが消えてるけど」と言った、彼の言葉の意味するところである。

パイワンには型があって、この型によって図形を分類することが出来る。例えば、ボールとソリッドトーラスは、違ったパイワンの型を持っている。

これに対して、互いに同相な図形を持ってくれば、そのパイワンの型は同じである。

互いに同相な図形に対して、同じ性質を保存する、ということが「位相不変量」という言葉の意味らしい。位相不変量は、パイワンの他にも、いくつかある。つまりは、直接に見ることなく、図形の特徴を探る方法である。

❦「開けポアンカレ」

立花君の先生は無口ながら、いたって爽やかな印象を与える人である。先生の坐っている場所からは、自然に森や草原のさわやかな風が吹き出してくる、といった感じである。

およそ当てつけがましいことや、自嘲めいた言葉や、その場の空気をにごらせるような悪い冗談は言わない人である。心が弱くなったり、疲れたりすることのない人なのかしら、と思って弥生は遠くから見ている。

しかしその先生が不意にちょっと口ごもることがあるのである。ゼミの時などに、弥生とそう年の違わない先輩が、ボールやその境界の所在について、何か断定的なことを口にする場面がある。もちろん弥生も、自分自身の中のあやふやな常識に照らし合わせて「そんなこと当たり前じゃないかしら」と思っているようなある種の幾何学上の事実についてである。

そんなとき先生は困ったようなほほえみを浮かべて、口ごもりながらこう言う。

「それではきみ、『ポアンカレ』は解けてしまうよ」

先生は確かに、その名前に反応するのである。「ポアンカレ」という特色のある固有名詞に……。

変だなあ、と思いながらも弥生は、先生を口ごもらせているものの正体が何なのか、先生自身にはもちろんのこと、身近な先輩にも確かめられずに来た。それがあの爽やかな先生に、心理的な動揺を与えるただ一つの言葉であることに気づいたからである。

「ポアンカレ」という人名は、先生という人物に相対する弥生にとっては、「開けゴマ」という呪文の「ゴマ」に相当する単語になった。

「ポアンカレ」というのが人の名前であることくらいは、弥生だって知っている。たしか百年ほど前に活躍していた、フランスの科学者であった。専門の研究の他に、科学的な随想を多く残した人だ、ということも知っている。

実は高校時代、夏目漱石の小説を読んでいたら、ポアンカレの書いた随想からの引用に出くわしたことがあるのである。

ナポレオンという一人の英雄が生まれるまでに、彼の両親となる男女が出会うところから始まって、どんな偶然が重なったか、というような内容であった。卵子とか精虫とかいう言葉がはっきりと使ってあった。二十世紀の初頭にしては、かなり大胆な用語の用い方だろう。

英雄でなくとも、人一人がこの世に生まれ出るまでには、様々な偶然が重なった、と弥生は思いたい。あえて一人のナポレオンを持ち出してきたところに、時代を感じさせる、と言えばそうである。

その一方では、フランスの科学随想まで読破したのか、と思ったら、漱石という昔の小説家の勉強ぶりにも、つくづくと畏敬の念を持ったことも確かである。

しかし、そのポアンカレという固有名詞が、時に先生を口ごもらせ、困ったような微笑を浮かべさせるきっかけになろうとは考えてもいなかった。同じポアンカレなのか、違う人なのか、確か歴史の教科書でも同じような名前を見かけたような気がする。

人名辞典を引くところまで弥生はやってみた。同じページに、二人のポアンカレ姓の人物が載っている。レイモン・ポアンカレと、アンリ・ポアンカレの二人である。

一方は第一次世界大戦の頃、フランスの大統領になった人物である。そうしてもう一方が科学者のポアンカレその人に他ならない。

二人とも、十九世紀の半ば過ぎに、フランスの南部、ドイツとの国境に近い町で生まれている。従兄弟同士でもあったらしい二人である。

しかし、それ以上のことは弥生には分からなかった。なにがポアンカレなのか分からない。なにが先生を動揺させるのかが分からない。

第3章　なぞの多様体

✿三次元のスフェア

弥生はさっきから、ひとりごとをつぶやいている。考えながら歩いていたら、ひとりごとになったのである。

「僕が実現した多様体だよ。パイワンが消えてるけど、三次元のスフェアと同相じゃない」

立花君の残していった言葉を、また繰り返し考えている自分がいる。立花君の言葉の中にあった分からないところは、みな分かった。もちろん、厳密に分かったとは言えないかもしれない。しかし、少なくとも分からないところには、付箋《ふせん》を付けたつもりである。厳密に分かろうとするなら、付箋を付けた項目を、あらためて勉強してみればいいのである。

単語の意味がつかめたのだから、今度は文章のつながりを考えればいい。文章を理解するときの、「イロハのイ」である。しかしそれが分からない。

立花君が残していったのは、外国語の文章ではない。日本語の文章なのである。単語が分かって、構文が分かっているのに、その内容がちっともつかめない文章って、いったい何だろう。

電車を待ちながら、弥生は、腕で、何かを囲い込もうとしている自分を発見する。ぶつぶつ言いながら、一生懸命、何かを囲い込もうとしているのであった。今、弥生の腕が囲い込んでいるのは、円板である。その周囲を一次元のスフェアというのである。平ったく言えば弥生の腕が円周そのものになっているのである。

腕の囲みをもう少し丸く作って、おなかの方へと何かを囲い込めば、弥生は、地球儀のようなものを囲い込んでいるつもりにもなれる。弥生が囲い込んでいるものは三次元のボールであり、その外側が二次元のスフェアである。平ったく言えば、ボールが腕の中にあって、その表面になっているのがスフェアというわけなのである。

しかし立花君は確か「三次元のスフェア」と言いはしなかったろうか。彼は確かにそう言ったのである。その瞬間、あることに気付いた弥生ははっとした。

「三次元のスフェア」なんて、この世には存在しないものである。あるとすれば、「四次元のボールの表面」になっているはずのものだからである。そうすると弥生は、腕の中に四次元のボールを囲い込まなければならなくなるはずである。

弥生が生きて生活しているのは三次元のユークリッド空間である。その中に「四次元のボール」が存在するわけはない。その表面としての三次元のスフェアが存在するはずはないのである。

しかしあの時、立花君は確かに「僕が実現した」と言ったし、現にその立体を、弥生は受け取ってしまったのである。なんの疑問も持たずに……。

弥生は乗り込んだ電車の中でさえ、走り出したい気がした。降りるのに便利なように、車内を移動すると、ドアの前で足踏みしている。電車がホームへ着くと、いちばん先に降りて、あとは家まで走って帰った。

庭の中の道をだらだらと下り、古い倉の裏へ行った。石組みがずれて、棚のようになっている場所、そこへ弥生は立花君からもらった物体を置いたのである。しかし、置いたはずの物体は跡形もなかった。石の棚の上にはしめった黒い土がうっすらと積もっているだけであった。

倉の裏

倉の裏の通路は何となく気味の悪さを秘めた場所であった。もう壊してしまった隣家の倉の礎石と、弥生のうちの古い土台石との間の狭い「透き間」であるというばかりではない。どちらかの家でじゃまになった青石を、通路の上にも載せてしまったから、ちょうどトンネルのようになっていて、薄暗くしめった場所である。カマドウマが、ぴょんぴょんはねていたり、トカゲが姿を現しては、石組みの透き間にするっと姿を隠す。

それればかりではない。この通路を気味悪く思うようになったのは、弥生が幼いとき飼っていた猫のミー公が、この通路を入る姿を最後に、弥生の前から消え失せたからである。

「ミー公、どこへ行ったろう」と弥生は言った。

「捜すんじゃない。猫は、可愛がってくれた人には、最期の姿を見せないものだよ」と、おばあさんは弥生の髪を撫《な》でながら言った。

それからは、通路の奥にはミー公が眠っているような気がして、ますます怖くなった。

「はは、ばかだな、いつまでもそんなところにいやしないよ」と父は笑った。

「もうとっくに川の方へ流れて行ってしまったさ」

敷地の向こうには川が流れている。昔からの護岸工事の石垣の間には、所々、水はけのための水路が作ってあった。倉の後ろの通路も、あの水はけの水路のどれかにつながっていると聞いている。

しかし、つい最近、古い護岸をとり壊して、コンクリートのものに作り替える工事が行われた。新しくできたコンクリートの護岸にも、所々水はけの穴が開いている。しかし以前のように、といのようなはけ口を、護岸の壁にのぞかせてはいない。

昔からある水路は、新しい護岸の近くで塞がってしまったか、埋められてしまったのだろう。

立花君がくれた例の物体も、通路のどこかに引っかかっているに違いない。捜せば案外、すぐ近くに落ちていそうな気もする。

弥生は母屋へ引き返すと、懐中電灯を持ってきた。普段着のジャージに着替え、用心のために長靴に履き替えた。近くに落ちていた棒を一本拾うと、入口の方からそっとのぞいた。

通路の奥は意外と深く、黒い石組みが奥の方へと続いている。入口から懐中電灯を照らしてみても、ものの姿は見えなかった。ただ暗くしめった石の壁に、ほこりか土かが、黒く筋を描いているのと、フクログモの巣が何本かはい上がっているのが見えるだけであった。じめじめした通路の上には、ミミズのはいずった跡があった。

あの物体が跡形なく消え失せてしまうというのはおかしい、と弥生は思った。確かに弥生は、あの時物体の一部に穴を開けてしまった。中からずるりとしたものが姿を現したので、身近に置くのがはばかられる気持ちになった。仕方なく、倉の裏の石の棚の上に隠しておいたのである。ずるりとしたものの底には、なにかの立体が揺れているのが見えた。あれこそが立花君が実現したという多様体であろうと弥生は信じた。

ずるりとしたものは、雨に流されるか、カラスに食われてしまったかもしれない。殻の方も壊れてこなごなになってしまった可能性がある。しかし中身の多様体だけはきっと近くに落ちていると思う。貝殻か耳の骨のような形をした、しっかりとした物体であったことが思い起こされる。

あの物体を捜そうとすることは、立花君の残していった言葉を、より一層、はっきりと確かめることにつながっている。言葉の表す実体を捜すことにつながっているのであった。

やっきになって、懐中電灯を振り回している弥生の姿がそれであった。やがて弥生は、手に持った棒を前の方に差し伸べると、奥の暗がりへと一歩踏み出した。

❦井戸

何かが起こるだろうと思っていたら、なんにも起こらないことが、世の中にはある。だいたいがそれである、と言ってもよい。「取り越し苦労」というわけであろう。しかし何かが起こるかもしれないと思って、本当に何かが起こることも世の中にはたまにある。「虫の知らせ」というものである。

弥生の身の上に起こったこともそれであった。弥生は初め、自分がなにかを踏み抜いたのだと思った。暗がりを進んで、通路の石の何番めかに足をかけたらこれがぐらっと傾いた感じであった。後はなんにも分からなくなった。頭の上の方からもなにかが落ちてきたような気がした。通路の石がずれたために、土砂崩れが起こったに違いないと思う余裕はあった。こんなことで命を落としては、おばあさんに申し訳ないと思ったが、それが最後に考えたことであった……。

次に弥生は、自分が、大きな井戸のそばに立っているのを発見した。大きな古いつるべ井戸であったが、何となく見覚えがある。これが、おばあさんから聞いた、昔の井戸に違いないと思った。

弥生のうちには今も飲み水に使っている井戸があるが、これは新しい井戸だそうである。このほかに古い大きい井戸がある。おばあさんが言いたがらない事情で、左隣の家の敷地に入ってしまっている井戸である。隣家では、そのあたりにコンクリートを敷き、通路として使っている。つまり古い井戸はもう埋まってしまっているのかもしれない。

しかしおばあさんはただふたをしただけだと言っていた。井戸の底に飼っていた鯉はまだ生きているだろう、とも言った。

だから弥生はその井戸を見たとき、ちっとも不思議な気はしなかった。「ああ、あの井戸か」と思っただけであった。

暗がりの中を誰かがやってきた。その格好を見たとき、弥生は何となく「まずい」と思った。黒っぽい着物に、手ぬぐいを被り、前垂れを掛けた女であった。柳だかしだれ桜だかを染め抜いた手ぬぐいの模様が、薄暗い中に透けて見えている。

「まずい」と思ったのは、一つには自分が、隣家の敷地に入ってしまったらしいと思ったからであった。次には、普段着のジャージに長靴をはいている自分の姿を意識したからであった。何となくその女の服装に、自分も合わせなければいけないような気持ちがした。必ずしも、「見つけられない」ためでもなさそうであった。

弥生は井戸の奥の、万年青《おもと》と南天の茂っているあたりにひとまず身を隠した。女は、つるべを井戸に突っ込むと、持ってきた手桶に水を汲み上げた。手桶には弥生のうちの屋号が焼き付けてあったが、それは何となく自然なことに弥生には感じられた。

「私も着替えてこなくちゃ」と弥生は思った。敷地のはずれ、川沿いの方角に、物置がある。そこに着物があるだろうと思ったのは、やっぱり自分のうちだからである。古い物置の中には、ケヤキの戸が閉まった納戸があって、古着だの夜具だのがしまってある。あそこへ行けばある、と思うものが、やっぱりあった。

日頃、着たいと思っていた、木綿の黒地に、大きな梅の花が飛んでいる袷《あわせ》の着物があった。長襦袢《じばん》もある。白地に、赤い矢羽が飛んでいる図柄のものである。「ファッションショーよ」とおどけて見せたら、おばあさんに叱られた。しかし、幸いにも今は叱る人はいない。

裂織で、花を織りだした帯もある。残念ながら、帯のちゃんとした結び方を弥生は知らない。成人式までには習っておこうと思いながら、大学受験だの、その後の生活の変化などで、それっきりになっているのであった。仕方なく、太いリボンのような、柔らかい帯があったので、これを何まわりか回して、花結びに結んだ。その上へ、長い縦縞の前掛けを締めて、格好をつけたつもりだった。

着物も帯も、前垂れも、かび臭いはずなのに、ちっともそういうことはない。それどころか、新品のようにきれいであった。そこいらに手ぬぐいもあったので、これを被って、顔を半分隠すつもりであった。長靴は戸棚にしまい、土間にあった下駄を突っかけた。

こっちの方だろうと思う方角に、庭を上がって行くと、お稲荷さんも勝手知ったところにあり、その向こうに平べったい建物があって、人の気配や火の温もりがする。醤油の焦げたような香りも立ち上ってくるから、弥生はそっちへ行ってのぞいてみた。土のかまどがいくつかあって、釜がかかっている。なにかがぐらぐらと煮えているのもある。いい匂いがしているのは、入口に近い七輪で、姉さんかぶりの女がなにかを焼いているからであった。

「何、のそのそしてんだね」と、その女はいきなり言った。

「もう焼き上がったから、二階の、松のお客さんにとどけておくれな」

板のような食器に、あら塩を敷いて、その上にサザエが三つばかり載っている。火から下ろされたというのに、まだぐつぐつとふたを持ち上げている。女は、赤い魚を煮付けた皿や、栗か芋を、形を整えて煮たもの、それにトコブシらしい貝の煮付けたものなどが載っている、大きな四角いへりのあるお盆の真ん中に、煮立ったサザエの焼き物を載せると、弥生の手元へぐいぐいと押しつけた。

二階のどこ、とも聞かないで、弥生は、台所の入口を出た。母屋の建物は、別棟にあるらしい。母屋の入口を入ると、目の前に階段があったから、これを登った。途中で、降りてくる女中さんと出会った。透かすようにこっちを見ているので、弥生はどきどきした。特に、締まらない胸のあたりを、探り見ているような気がした。しかし「早くしておくれ、お待ちかねだよ」と言い置いただけで、あわただしくすれ違って行く。

正真正銘「島のサザエ」なんだろなあ、と弥生は自分の手元を見ながら考えた。海岸の向こうに突き出た島は、今でもサザエ料理を名物の一つにしている。しかし、もうとっくに、地の貝は取れなくなっている。島で出されるサザエ料理はすべて、生け簀に入れて、外国から輸入してきた貝を使っていると聞いている。

赤い魚はたぶんカサゴだろう。島の岩場近くの深みに住んでいる、よろいを着たような魚である。ずっと以前に、おばあさんがこれを珍重していたのを覚えている。幼い頃の記憶なので、はっきりとはしないが、身がぷりぷりとして甘く、おいしかったのを覚えている。

それでいて、一つ、つまみ食いしてみようか、という気は起きなかった。両手が塞《ふさ》がっているせいもあるが、それよりも何となく役割に忠実でありたいような気持ちが、強かった。

板戸を閉めた部屋から、がやがやするような声が漏れてくる。これが松の部屋かどうかはちょっと不明だが、まあいいや、と思って入った。

❀目付けの字

男の客ばかりが数人、飲んでいる最中であった。さむらいとも言えぬ、変な格好の人物もいる。割合にきちんとした身なりの男もいる。さむらいなのか、町人なのかはちょっと分からない。男の子供もいる。髪をかっぱのように短く切って、残りの部分は剃り上げてあるからすぐに分かった。

粗末な床の間に、掛け軸が掛かっている。見慣れない掛け軸であった。一本の木が描いてあるのだが、その木が何の木かが分からない。葉っぱと花ばかりが、ぼてぼてと描かれているだけで、お世辞にも枝ぶりが良いとは言えない。美的感覚で描かれた図柄でないのはよく分かる。よく見ると、花や葉っぱの上に、何かが書いてある。文字らしい。漢数字もある（図3－1）。

「ねえさん」

と声をかけられて、弥生はびっくりした。

「それをまず、こっちにもらおうかね」

と言うので、運び盆に載せてきた、皿や小鉢のたぐいを、男の目の前へ並べた。

脚付きの膳の上には、大きなアワビの殻に刺身を盛ったものや、酢取りにしたアジらしい魚が

図 3-1

出ている。アワビの殻が、水色や桃色に光を反射しているのが弥生の目を射た。

それでも掛け軸の図柄が気になって、つい目がそっちへ行く。カサゴの煮たのが右の方を向いた。

男はそれをとがめもせずに、

「ねえさん、どの字を見ているのかね」と聞いた。

「女子供だって、この節は、字が読めない保証はないわけだ」

と言うのが、何となく癖のある言い方であった。

「ねえさんの念じてる字は、一番下の枝の、花にあるか、葉にあるかね？」

弥生はあわてて、ある字を思い定め
「葉ですね」と言った。

「じゃあ、二番目の枝のどこにあるかね、花かね、葉かね？」と重ねて聞く。

これを順番に、五番目の枝まで聞いていった。聞き終わると、男はやおら
「じゃあ、その字は京の字だろう」と言った。

弥生は確かに、掛け軸の中の「京」という字を思い定めていたので、びっくりした。と同時に赤くなった。男はのど仏を見せて笑った。周りの客も、口々に反応を示す。こけしのような髪型をした男の子だけが、こまっしゃくれた様子で腕を組んでいる。

と、間もなく、

「おっ師匠《しょう》さん、この目付字には、元表があるんでしょう。元表を見せておくんなさい」

とその男の子は言った。

「師匠」と呼ばれた男は、赤ら顔をのけぞらせて笑い、

「捨次郎、いい目の付け所だ。しかしな、元を見せてどうする。われから考えろ」

と言った。

それから、大人の男が、「松と杉の売り買い」についての問題を持ち出した。双方何本ずつかを売って、総計、なん文とわかっている。この関係が二種類ある。考えてみると、連立方程式の問題であった。松をx本、杉をy本とおいて方程式を立てればわけはない。

弥生が、頭の中で方程式を操っている間に、捨次郎は早くも答えを出す。どういうふうに考えたのかは、ちょっと分からない。師匠と呼ばれた男は、また、愉快そうに笑った。

しかし、一座の人々の頭が、算術とは別の問題に縛られていることに、弥生は間もなく気づいた。「松と杉」の問題が解決するとすぐに、別の男が「絹と木綿」の問題を持ち出してきたからである。

材木だって布地だって、方程式の問題に置き換えれば、同じ未知数xとyに代表させて解くことが出来る。しかし材木屋は、あくまで松と杉の売り買いにこだわるし、呉服屋もまた、自分の扱っている商品の取引にばかりこだわる。

算術の先生の方も、これにいらだつこともないらしい。材木屋には材木屋むきの、呉服屋には呉服屋むきの説明を、繰り返ししてやるのである。

もしかすると、xやyの文字を使って問題を考えられるということは、それだけで、ずいぶん大きな自由を獲得しているってことではないのかしら、と弥生は考えた。

わり算とおぼしい問題を持ち出す男もいる。五つ玉のそろばんが持ち出され、講釈が始まったが、どうも理解が難しいらしい。捨次郎は退屈らしく、板戸を開けて外へ出て行った。

目の子でやればいい、とつぶやくので、「それは何?」と弥生も少年のあとをついて行きながら聞いた。割られる数から、割る数を、繰り返し引いていく計算法らしい。何回引いたかを覚えておけば、それが、わり算の「商」というわけだろう。

女子供やあんなうつけは、それでやればじゅうぶんなんだ、と馬鹿にしたように言った。「目の子」とは「女《め》の子《こ》」にも通じる言葉であったから、弥生はひとこと言ってやりたくなった。

まず手始めに、

「あんた、あの人のお弟子なの?」と聞いてみた。

「いいんや、そうじゃあない」と、捨次郎は、さも利発そうな目つきをして言う。

「でも、おいらのおっ師匠さんには違いない」

弥生は早くも、狐につままれた気持ちになった。

「でも、一緒に旅をしているんでしょ？」

と重ねて聞くと、捨次郎はじれったそうに足踏みして否定した。言葉よりも「論」の方が、先に立つたちと見える。もっとも「論」を操る言葉の数は、決定的に不足しているらしい。それがいらだちになって顔つきに出る。年端《としは》もゆかない額に、彫ったような八の字が浮かぶのがそれであった。

その時、部屋のうちから、声がかかった。酒の催促であった。自分に言いつけられたものと思って、弥生は階段を下りて、台所へ行った。

注文を取り次ぐと、

「まだ飲んでるのかい？」とさっきの女中が聞く。

「払いが悪いんですか？」

弥生はちょっと心配になった。自分の家のふところ具合に関わる問題であった。

「払いが悪いのなんの」と女中は、話にならないという様子を身振りで示した。

「捨ちゃんのおとっつぁんが請け合ってなけりゃ、とっくに追い出すよ」

「捨次郎さんのおとっつぁんって？」

「なに言ってんだね、知らないのかね。あの子は、万かねさんの跡取りじゃないかね」

町内の古い絵図に、そういう屋号のうちがあったことを弥生はぼんやりと思い出した。たしか沿岸漁業の網を手広く扱う、問屋ではなかったかと思う。

「上の部屋の先生は、なんて名前の人なの？」

「そんなの知るかね」と女中は切って捨てた。

捨ちゃんが、土地の算術の先生について学んだことを、絵馬におさめた。その絵馬がたいそうな出来だったらしい。それを聞きつけて、かみがたの方からわざわざ訪ねて来たのが上の部屋の先生だという。

「なあに、何だか分かるもんか。捨ちゃんが万かねの跡取りと知って、ついて来たのさ。根は卑しい根性からさ」と、自ら口にしたことを、すぐに否定するようなことを言う。

絵馬もその出来の話も、弥生にはよく分からない。女中の意見もなおさら分からない。当の捨次郎に問い合わせるのが一番だと思って、銚子を載せた盆を持って、二階へ上がっていった。

捨次郎の絵馬

「捨次郎はいないか」と、部屋の主は聞いた。見回すとあの少年の姿はなかった。あのままはしごを下りて、家へ帰ったのかもしれなかった。万かねさんは、弥生のうちよりも数軒、お江戸に寄った方角へ、店を張っている。

「まだまだあいつに教えたい。俺の知っていることをすべて教えるつもりだ。あいつのような聡いわらべが、そうあるものか」

いずれは免許皆伝をやる、俺が自筆で書いたのを進呈する、と息巻いた。そのくせ、すぐに気弱い表情を見せて、

「それなのに捨のおやじは、あとを継ぐ子に、もうこれ以上の算術はいらんとぬかしおった」とこぼす。

「捨ちゃんの絵馬って、何ですか」と弥生は聞いた。

男はぐずぐずに酔いつぶれていたような体を立て直して、懐から、こよりでつづった帳面を取り出した。

へりがまくれ上がった帳面には、色々な書き込みがあるらしい。その一枚をまくると、絵が描いてあるのが出てきた。ひとつの円の中に、大小いくつかの円が書いてある。「日球」「月球」「南球」などと書き込みがあるところを見ると、これは円ではなくて、球の内部に、大小いくつかの球を埋め込んだ図なのかもしれない（図3-2）。

「捨は、この北球の径を求めおった」

大きい球に内接する、いくつかの小球のうちの一つの直径を計算したのだろう。捨次郎は、三平方の定理や、円周率の値を知っていたのかなあ、と弥生は考えた。

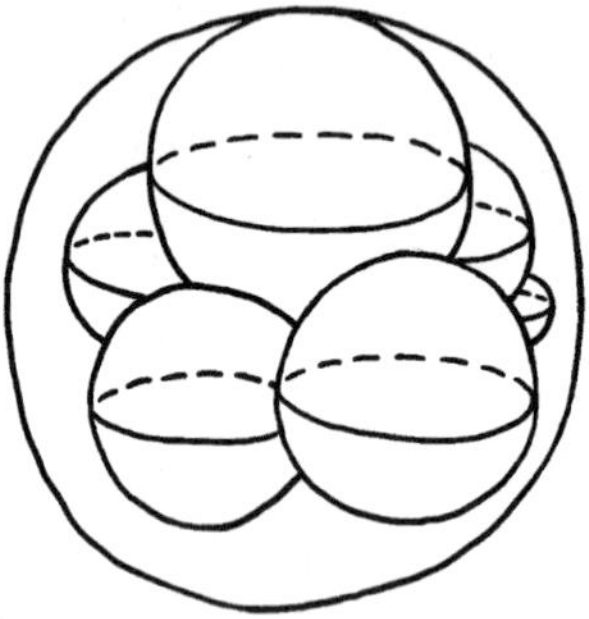

図 3-2

「それと絵馬と、どういう関係にあるんです？」と弥生は食い下がった。

男はうるさそうに顔を背《そむ》けた。それでも、

「捨の算額なら、一宮さんに掛かっておるから、見てくればいい」とひとこと付け加えたから、この男としては精一杯のお愛想かもしれなかった。

その時、また板戸が開いた。捨次郎が戻ったのかと思って弥生は振り向いた。あの可愛らしい、こけしのような髪型の代わりに、髭ぼうぼうで、シャベルのようにとがった男の顔がぬっと出たので、弥生はたじろいだ。

算術の先生は、おもむろにうなずくと、敷居のところへ体を運んだ。

弥生もいざって行って、そっとのぞくと、部屋の外の廊下に列が出来ている。それがみな、ぼろを被ったり、みのを着たり、そうかと思うと、ずたずたの着物の前をかろうじて縄で結んだところから、ネズミ色に変色した足がぬっと出たような格好の人間達ばかりであったので、びっくりした。どう見ても、乞食達の集団であった。

もっとも先生と呼ばれている男も、この乞食達とそう違った身なりをしているわけではない。まあ、どっこいどっこいと言ったところかもしれないが、先生にはぬらぬらした独特の精気がある。しかし、手の裏を返すように、その精気が影をひそめることのある人である。そういう時は、身なり風体ともに、乞食達と変わるまい。

「いいな、しかと分かったな」と先生は念を押した。

精気を表に出したものの言い方であった。みすぼらしい身なりの人間達は、その威に打たれたように、うなずいた。

「一人一人、教えてあるとおりの口上を言え。引き替えに、約束のものを渡すぞ」と言うと、列の始めに並んでいた男の方へ、あごをしゃくってうながした。

男は「へえ」と言うと、

「みちのくは大飢饉でござります。ヒエもすすれませんで、逃れて参りましたような次第で。なにとぞ御慈悲を」と哀れっぽく言った。

「よし」と算術の先生はうなずくと、懐からなにかを取り出した。それが、うす闇にも光を反射したので、弥生は目を見張った。どうも小判らしいのである。

「いいな、これを路用にして、かみがたへ行け。間違うなよ」

へい、へいと首を振りながら、一番目の男は廊下を這いずるようにして階段の方へ行った。

男は次の乞食にも、同じように念を押し、口上を言わせ、かみがたへ行くように指示を与えた。それが済むと、懐から取り出したものをやる。

几帳面に一人一人、同じ指示を出し、口上を言わせている。言葉の不自由なものもいるらしいが、口を寄せ、耳を傾けて、丁寧に確認している。小判を与えるしぐさも同じであった。

「何事が始まりましたんで？」と、気配を知って顔を出した男が聞いた。さっきそろばんを習っていた男らしい。

「風評を立てて、かみがたの米相場をつり上げるんだ。そうすれば、小判は百倍、二百倍になってもどって来る。おおざかのある旦那と、ないないの約束をしているんだから」

と算術の先生は、自信ありげに言った。

「もったいないことだなあ。あんな連中に小判一枚を与えるとは……。おたな一軒買って、堅い商売でも始めりゃいいのに」

と、お弟子は、顔をしかめて不満を漏らしている。背けた顔には、あざ笑っているとしか言いようのない表情が浮かんでいる。

弥生にも言いたいことはある。あれだけの小判を持っているのなら、まず、宿賃や酒代をちゃんと払ってもらいたい。もう少し、自分の身なりも整えたらいいじゃないか。

しかし弥生は、その時にはもう、乞食達の列の一番後ろについていた。自分も小判をもらって帰りたい気持ちが、急にし出したのである。本物の小判なら、ずっと欲しいと思っている、自分だけの根付にするには、ちょうどよいと思う。

何回も繰り返し聞かされたので、口上を言うのは、わけはない。かみがたには、直接は行かないかもしれないが、いったんあるところへ戻って、それから新幹線で行けば、約束違反にはならない。幸い、秋の学会が、京都で開かれることになっている。先輩の一人が講演するので、弥生も聞きに行きたいと思っている。

さんざん待ってから、弥生の番が回ってきた。とがめられるかと思ったが、大丈夫であった。

「お女中も、間違いなく、かみがたへ行きなさるか」と念を押されただけであった。

弥生は、出来るだけ劇的に口上を述べた。算術の先生は懐から、きらりとするものを取り出して、弥生に手渡した。弥生は、自分の手がこれを握った感触を、はっきりと感じ取った。

「まあ、うまくいったわ」

ポアンカレの予想

その途端に弥生は、どこかに立っている自分自身を意識した。井戸のそばでもないし、倉の裏の通路の中でもない。キャンパスの、エノキの木の下であった。

あわてて自分自身の姿を見回した。木綿の着物に、三尺帯をしめた姿でもないし、ジャージに長靴といった出で立ちでもない。いつもの通学服にリュックを背負っているのであった。

何となくほっとしたあとには「小判はどうなったかしら」と思った。小判を握ったときの感触と、得をしたような気持ちが、まだありありと残っているのであった。

右の手に、弥生は確かに、何かを握っていた。小判かしら、と思ったらそうではなかった。それは一枚の貝殻であった。

「あら、アワビだわ」

例の算術の先生が、さかなにしていたアワビの殻を握ってきてしまったとみえる。しかし、よく見るとそれは、アワビの貝殻でもなかった。

形は貝殻によく似ている。大きさも同じくらいであった。しかし、それは厚手の紙で出来ていて、中側に、線がいっぱい引いてある。ひっくり返すと表側は、またもや、緑のマス目を印刷した紙で、へりの方に学校工作用という文字が躍っているのであった。

そうすると、これが、多様体？　立花君にもらった、あの多様体？　危険を冒して捜しに行ったものが、今、弥生の手の中にあるのかもしれなかった。

その時、誰かが弥生のそばへやってきた。肩をぽんとぶつけるようにするまで、弥生には、それが誰だか分からなかった。

「何だ、信ちゃん」

「弥っぺ、この頃、数学にこってるんだって？」

「こってる」と言われて、弥生は内心、穏やかでなかった。この半年あまりの、弥生自身の遍歴を、あまりにも無視した、ものの言い方だと思ったのである。つい今し方も、弥生は「それ」に引き回されて、どこか分からないところから、戻ってきたばかりであるというのに……。

「なにか用なの？」

と、ことさら素っ気なく聞くと、信吾はいかにも人の良さそうな笑い方をした。何となくこの世のありかを保証するような笑い方であった。

「数学を始めたのなら、聞きたいことがあるんだ。電気回路を組むのに、最も効率のいい配線図を考えたい。回路についてくわしく知っている人が数学科にいないかなあ」

弥生はすばやく、信吾の要求を「図形語」に翻訳してみた。それは、一次元のボールである線分をくっつけて、三次元の空間の中に実現した立体を調べる、ということかも知れない。信吾が必要としているものは「線形」という分野に当たるのかも知れないと気づいた。

「それなら、くわしい先輩がいると思う」と弥生は答えた。

すると「今度訪ねて行くかも」という返事であった。

「ところで、君たちの研究室では、何を研究しているの？　研究室全体のテーマさ」と信吾は、改まったように聞いた。

弥生は言葉に詰まった。多様体について研究している、と答えるつもりだったが、さらに突っ込んで聞かれそうだったからだ。

突っ込んで聞かれると、困る事情が、弥生にはある。まだ右の手に握っている、例のアワビの貝殻の存在である。それが、弥生の気持ちを、落ち着かなくさせている。

「君たちの先生は、何が専門なの？」

と、信吾はややほこ先を変えた。そう言えば、弥生は、ゼミの主宰者である先生の研究についても、本当のところはよく知らない。もちろん先生の論文をコピーして、読もうとしたことはある。しかし正直なところ、ちんぷんかんぷんであったので、そのままにしてあるのが実状である。

「だって、四次元の幾何学を研究しているゼミなんだろう？」

と信吾はさらに追及した。

「『ポアンカレ予想』とか、そういう問題？」

「『ポアンカレ予想』ってなあに？」

と、弥生はびっくりしたあまり、おうむ返しに聞きなおした。また、そのフランス人の固有名詞と、それに結びつく謎とを聞いたのである。

信吾が言うには、二十世紀には、これまでずっと難問とされていた、二つの未解決の問題が解かれてしまった。「四色問題」と「フェルマーの大定理」である。ところが、今なお未解決なのが「ポアンカレ予想」という、幾何学上の問題だそうである。暇に任せてインターネットで得た知識だと、信吾は白状した。

「ポアンカレ予想って、どんな問題なの？」

と、弥生は重ねて聞いた。しかし信吾も、それ以上のことは知らないらしい。だから、君に聞いてるんじゃないか、と言いたげな目つきであった。

キャンパスの坂の途中に、遠くからでも、きらきらぴかぴかと光っているような、何かがいる。こっちが近づいて行くと、向こうも坂を少し下りてやってきた。マキコであった。弥生がこれまで見たうちでは、最高に派手な姿であった。

長めのスカートの裾には、赤や黄や緑のテープが打ってあるほかに、金属の目玉のようなきらきらした飾りが縫いつけてある。

黄土色《おうどいろ》の革のジャケットを羽織っている。ジャケットの裾は切りっぱなしの上にかんぴょうのように切り裂いてある。それが、小寒い風に吹きさらされてひらひらしている。

胸元からは、雑多な色彩をしましまに編み込んだセーターがのぞいている。何重もの長いネックレスをじゃらじゃらと掛け、肩先にはブリーチした金髪の他に、革のひもまでゆらゆらさせている。大きなカウボーイハットを被っているからであった。

「あら」と言って近づいてきたマキコの顔を見ると、日頃のラメの入ったお化粧に加えて、今日は、ほっぺたにも、金属の絵の具みたいのを盛り上げてある。その上、まぶたとまつげの間は、くっきりとした空色に染めてあった。

「これから授業？」と聞くので「あんたは？」と弥生は聞き返す。「ちょっとね」と答えたマキコは、いつにも増して意味深な感じだった。いま少し弥生の方へにじり寄って「だれ？」と聞いた。信吾のことらしい。隠しておくと、またうるさいと思って、弥生は簡単に信吾を紹介しておいた。

マキコは「そうお」と言って、まつげとまぶたの間の空色から信吾を見た。信吾の方も軽く頭を下げたが、明らかに気のない様子であった。

「そうお」と言って、空色のまぶたでちらっと見て、それでもって男の子を評価する。マキコ流の世界の把握の仕方を、弥生は何となく知りたく思った。自分流の数学との付き合い方に、自信が持てなくなっていたからかもしれない。

対象を知る方法については、何だかマキコの方がほんものを身に付けているという気がするのである。マキコが男の子を好きなほどには、自分は数学という学問そのものを愛していないせいかしら、と考えると、ジェラシーのような感情を覚えた。

坂の下の方を振り返ると、まだマキコがいた。例の革のジャケットを脱いで、それを振って合図している。見ると、肩の丸い線が、むき出しになっている。不思議な色の組み合わせだなあ、でもきれいな配色だ、と思って見ていた、タートルネックのセーターは、どうやら袖なしだったらしい。丸い肩は、十センチばかり下の方へ行くと再び、ニットらしい布におおわれている。長い手袋をはめたような具合だが、手袋の手に当たる部分はない。

「何科の学生、あの子？」

と信吾が聞いた。そうとうマキコに圧倒されたのが、ようやく、彼自身を取り戻した、という様子であった。

ポアンカレ予想とはなにか？

信吾と別れてから、弥生は、理学部に続く、少し坂のある道を歩いていた。ひょっと前を見ると、見覚えのある人影がある。立花君の先生であった。歩き方に特徴があるから、遠くからでもよく分かる。

まるで、足がじゃまだとでもいうように、ぽいぽいと放り上げるように歩く人である。足ばかりでない。肉体全体がじゃまなのかもしれない。おそらく頭脳以外は……。

そのくせ、いつも鞄を提げていて、こっちの方は足よりもはるかにしっくりと、先生の身に付いている感じである。鞄の方は、放り上げるようにしては歩かないで、先生の体の脇で、すいすいと動く。さながら藻にまといつく魚のごとくに……。

頭と鞄だけが先生という人間を形作っている要素なのかもしれない、と思っているうちに、弥生は早くも先生に追いついた。

大体、弥生は、先生と二人きりになるのが苦手である。見ず知らずの人に会っても、あまり話題に困ったことのない弥生なのに、先生に対してだけは、当たらず障らずの話題を持ち出してはいけないない、と思う気持ちがある。

先生は、いつも、彼にとっては非常に重要な何かについて考え続けている人だと思う。先生と会話を交わすつもりなら、何よりも先にそこへ踏み込んで行かなければならないと思う。しかし、なかなか、先生の考えている世界には踏み込めない。

先生との話題はそれしかないだろうと思いつつ、そこへは踏み込めないもどかしさがあるから、じりじりした気持ちになる。

日頃から、穏やかでない気持ちを抱えているのを見透かされてしまったのか、先生の口からこんな言葉がでた。

「弥生君は、馬力があるね」

ゼミの合間に、お茶を飲みながらの何気ない会話であったが、弥生の身には何となくこたえるものがあった。

大体、若い女の子に向かって馬力なんて言葉は使わないのが常識である。立花君と同様、先生もあまり言葉を知らない人である、と思ったのが一つ。

それにもう一つ。先生は弥生を女性とは認めていないらしい、というショックである。男と女という立場から相手を理解する機会が、一方的に奪われていることに気づかされるショックかもしれない。

しかし、このことについては、弥生自身は、まだはっきりとは気づいていない。男を知らない弥生には、そこのところの分析は、まだ無理であった、ということだろう。ただ、鼻息も荒く後脚で立ち上がり、空しく空中を掻いている馬としての自分の姿を思い描いて、ショックを受けただけであった。その馬が雌馬だなどとは、特に意識はしていない。

だから、先生と二人きりで相対するには、何となくこだわりがある。しかし、今日はもう、間に合わないところまで追いついてしまった。先生を避けようと思いながら、一方では目的に向かって突進しようという気持ちもあるのであった。相互に矛盾した気持ちを培っているから、馬力がある、などと評されてしまうのだろう。

背後に何かの気配を感じたとみえて、先生はちらっと振り向いた。鼻の脇から出た二本の太い皺が、ほおのたるみを支えている。中年になりきってはいない男の人の顔が弥生の前にあった。その皺がゆるんでほほえみに変わった。人なつっこいと言えないでもないほほえみであった。少なくとも、拒否はされていない自分自身を弥生は感じた。

型どおりのあいさつを交わしたあと、こんな質問を発している自分に、弥生は気づいた。

「先生、『ポアンカレの予想』って何でしょうか?」

先生はじっと、弥生の方を見た。そうして

「君も『ポアンカレ予想』を考えているんですか?」と言った。

「いいえ、ちょっと伺ってみようと思っただけなんです」

と弥生は答えるつもりだった。それが正直な気持ちであった。

しかし、それとは正反対の言葉を発している自分に、弥生は気づいた。

「ええ、私も、ポアンカレ予想について考えています」

先生は「ほう」と言って、弥生の顔を見た。

「いろいろな手法があると思いますが。たとえば、ポエナルの手法ですか。それともカービー・ジーベンマンのやり方ですか」

「まず、問題そのものについて、はっきりと知りたいのです。いろいろなところで、いろいろなことを耳にしますから」

「そうだね、ポアンカレ予想につながる問題の提起の仕方には、各人各様のところがあるからね」

最も簡潔に整理すれば、こういうことかもしれない、とつぶやきながら、先生は低いが、はっきりとした声で言った。

「三次元の閉多様体で、パイワンが消えているものは、三次元のスフェアに同相である」

その声にかぶさるように、弥生の耳元で、もう一つの声が響いた。弥生に例の物体をくれたとき、立花君の残した言葉であった。

「僕が実現した多様体だよ。パイワンが消えてるけど、三次元のスフェアと同相じゃない。とてもとても貴重なものなんだ。だから君にあげる」

多様体のことを、先生は特に「閉多様体」と言っていた。これは、境界を持たない多様体を表す言葉であるということを、弥生は知っている。スフェア自身が境界を持たない多様体なのだから、これと同相かどうかを調べたい多様体は当然、境界を持たないもののはずである。

考え合わせてみると、あの時、立花君は、ポアンカレ予想を「解いてしまった」ということを言っていたのではないだろうか。証明を与える、という解き方ではなく、「反例を挙げる」という方法で、いわば否定的に解いてしまったということを言っているのではあるまいか。

そうすると、弥生がもらった例の物体は、ポアンカレ予想が「成り立たない」ことを示す実例ということになる。数学の言葉を使えば、「反例」である。他ならぬ、ポアンカレ予想の反例である。

そうして、それは今や、弥生の手の中にあった！

三次元のスフェアを見る

まず、弥生は、三次元のスフェアについて、もっとはっきり知りたいと思った。やっと、立花君の言葉の意味するところが、分かったのである。平ったく言えば、彼は、「僕は、ポアンカレ予想を解いてしまったよ」と言ったのである。その証拠となる品が、今、弥生の手元にあるのである。それが本当に、ポアンカレ予想の反例になっているのかどうか、確かめたい。そうすれば、あの物体は、弥生だけの根付になるかもしれない。

三次元のスフェアについての情報を集める、ということがそのまま、ポアンカレ予想の核心に触れる、ということにつながっている。ポアンカレ予想の核心とは、つまり、この三次元のスフェアなる図形の正体を探る、ということではないか、というところに、やっと、気が付いたのである。

前に、先輩の剛さんが説明してくれた事実から考えると、三次元のスフェアとは、「四次元のボール」の境界になっているものである。

そうすると、まず、「四次元のボール」について知ることが、近道かもしれない。

一次元のボールとは、線分のことであり、二次元のボールとは、円周に、その内部を含めた円全体のことを言う。辺に内部も含めた三角形全体のことだと言っても良い。

三次元のボールとは、球体のことだけれど、これを、面に、内部も含めた四面体全体のことだと言っても良い。

三角形なら、平面内の、同一直線上にない三点を結べば出来る。四面体なら、空間内の、同一平面上にない四点を結べば出来る。そうすると「四次元のボール」とは、四次元空間内の、同一の三次元空間内にない五点を結んで出来る立体ということになる。しかしこの見方に立つと、やっぱり弥生自身が、四次元空間に出向いて行かないと、「四次元のボール」は見えない、ということになる。

それでは、こんな見方はどうだろう。三次元のボールとは、球体のことであるが、この球体は、中心からの距離が、半径より大きくない点の集まり、と考えることもできる。ちょうど半径に等しくなった点の集まりが、球面を表している。つまりこれが、二次元のスフェアである。

そこで四次元のボールも、中心からの距離が、半径を超えない点の集まり、と考えれば、何の不都合もない。ちょうど半径に等しい点の集まりが、三次元のスフェアであるというのも、考えやすいところである。ただし、これらの点を表す座標は、四つの数字によって表されている。距離についても、三次元空間内の距離の概念を、四次元用に、拡張してやることが必要である。この見方は、式を用いてきっちり表すことが出来る、という点でも便利である。

だけど弥生は、もう少しはっきりと四次元のボールを見る方法はないものかと考えた。そこで、この頃、図形の見方を教わっている増田先輩に、聞いてみた。

彼が描いてくれたのが、この、絵巻のような長細い絵である（図3-3）。まず、画面の左端に、一点が描いてあり、画面の中程へ行くにしたがって、だんだん大きくなる三次元のボールにつながっている。画面の中央を過ぎると、ボールの直径はまた、だんだんに小さくなり、画面の

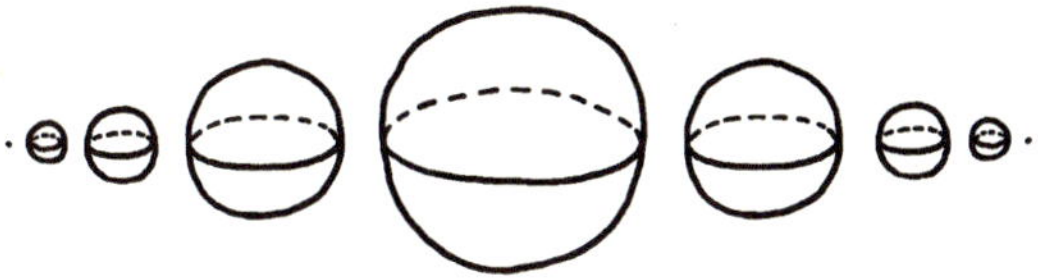

図3-3

右のはしの一点に収束している。

「空飛ぶ円盤が、消えて行く絵ですか？」と弥生は聞いてしまった。

「違うよ、この絵は、時間の経過とともに見るんだよ。画面の左から右へと、時間が流れて行くんだ」

　時間の経過とともに見たこの絵が四次元のボールの姿だという。そうすると、絵の中に描いてある三次元のボールの表面だけを、時間の経過とともに追いかけたのが、三次元のスフェアの姿である。水の中を、空気のアワが立ち上って行く姿と、ちょっと似ている。

　だけど結局、弥生には、三次元のスフェアが見えた気はしない。見にくくしているものは、「三次元のスフェアが閉じた多様体である」、というところにあると気が付いた。三次元の多様体で境界がないものであるというところが、この立体の姿を想像しにくくしているのである。

　この点を、増田先輩に確かめたら、彼は、いくつかの正四

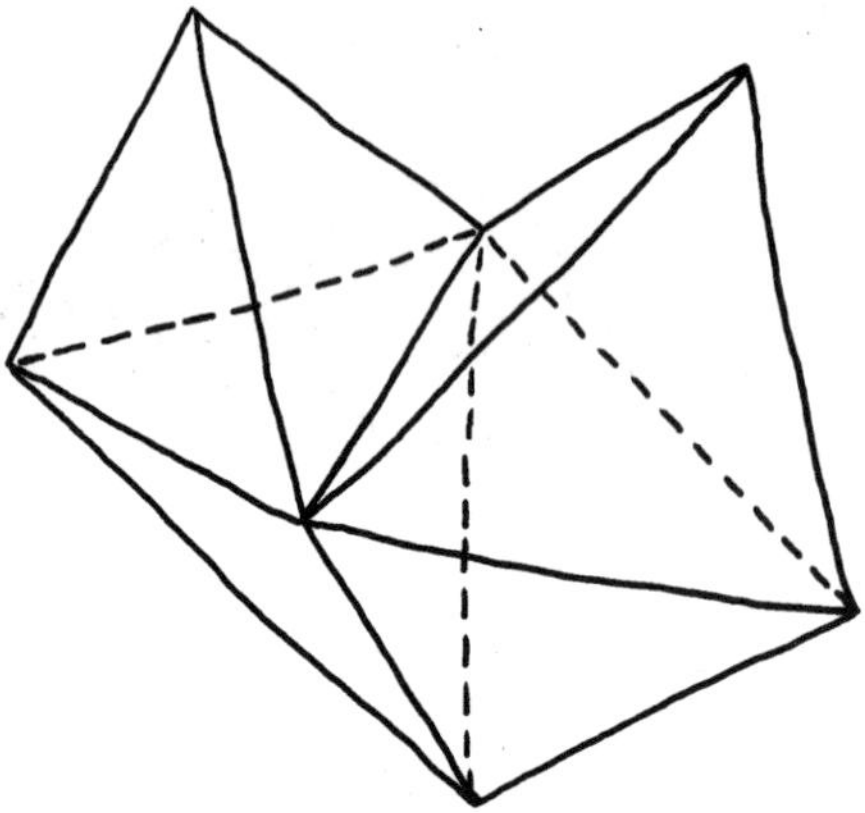

図3-4

面体を、その面で貼り合わせた立体を、一個、持ってきた（図3－4）。正四面体の塊みたいな立体である。もちろん、いくつかの正三角形が、この立体の表面として、見えている。

「『閉多様体』とは、いま表面に見えている正三角形が、すべて他のどれかしらの正三角形と貼り合わさって、表面からは一つも見えなくなるということを意味してるんだ」と先輩は言った。

あっちの正三角形とこっちの正三角形を貼り合わせて、と、いちいち組み合わせを考えながら、全体の「閉多様体」の姿を想像しようとしたら、内臓がねじれたような変な気持ちになってきた。やっぱり、三次元のスフェアを、この目で見るのは、難しいことなのかなあ。

図3-5

世紀の難問ポアンカレ予想

どんなに入り組んだ線で描かれようと、その線が自分自身を横切ったり、接したりしていない限り円周は円周である。その線を少しずつ伸ばしたり、引っ張ったりして、普通の丸い円周に変形することが出来るからである（図3-5）。

表面がいかにでこぼこしていようと、褶曲《しゅうきょく》していようと、ひしゃげていようと、面が自分自身と接したり、交わったり、癒着《ゆちゃく》したりしていない限り球面は球面である。球面の中や外から、とんてん叩いたり、入り組んだ面を引っ張り伸ばしたりして、その形を、球面に近い形に修整してやることが出来るからである。

むろん、この二つの事実でさえ、数学的にきちんと証明することは、易しくない作業らしい。

さて、ここに三次元の閉多様体がある。閉多様体とは、境界を持たない多様体であるから、当然三次元の空間の中には存在し得ない。この多様体が存在しうる空間は、少なくとも四次元ということになるだろう。二次元の閉多様体である球面が、最低、三次元の空間にしか存在し得ないのと同じ理屈である。

この、未知の多様体が、三次元のスフェアと同相かどうか知る方法はないものかと、数学者は考えたのだろう。一次元や二次元のスフェアの場合なら、線を引っ張ったり、面を叩き伸ばしたりして、誰もが円周や球面と同じに見える形にまで、変形することが出来る。

しかし、いま三次元のスフェアと同相かどうかを調べたい多様体は、最低でも、四次元の空間にしか存在し得ない。つまり、目で見ることが出来ないのである。

そこで「パイワン」という道具が登場したのである。

「パイワン」とは、多様体の中に入れたループが、この多様体の中で、一点に縮むかどうかを調べることによって、この多様体の特徴を捕らえようとする道具であった。ここで言う「ループ」とは、糸でできたわっかと同じようなものである。

そこで、目的の三次元閉多様体の中にも、ループを入れてやる。そうしてこのループが、この多様体のどんな場所でも「一点に縮む（パイワンが消える）」ことが分かったら、この多様体は、三次元のスフェアと同相ではないかという予測を立てた。この予測を立てたのが、アンリ・ポアンカレという人物である。そもそも「パイワン」の考え方の基礎をうち立てた一人にも、ポアンカレ自身が関わっていたらしい。

境界を持たない二次元の多様体の場合には、この多様体の中にループをいれて、そのループが、この多様体の中で一点に縮んだら、この多様体は、二次元の球面に同相であることが分かっている。

そこで、この事実が、そのまま三次元の閉多様体にも応用できないかと考えたのは、自然な思いつきだったのかもしれない。

三次元のスフェア自身も、その中に入れたループを一点に縮めるという性質を持っている。この性質こそが、スフェアを特徴づける、基本的な性質ではないかと、ポアンカレは考えたのである。

そうして、百年の歳月が経過する。今なお予測は予測のままに残されているのである。

考える空間の次元を上げたり、高い次元の図形を考えることは、自由であるし、自在でもある。抽象的には、何次元の空間でも、そこに存在する図形でも、考えることは可能である。特に四次元の世界に、意味があるわけでもない。三次元と二次元の空間にだって、数学的に言えば、特に意味があるわけではないのである。

そこで、三次元の閉多様体についての「ポアンカレ予想」の他に、もっと高い次元での「ポアンカレ予想」を考えることも自由である。

三次元のポアンカレ予想が未解決なのだから、それより高い次元の予想を解決するのはもっと難しいことなのだろう、と弥生は考える。

しかし、不思議なことに、「ポアンカレ予想」は、高いほうの次元から、解決を見ているそうである。

まず、五次元以上の予想が解かれ、四次元の予想についても、「ほぼ解決を見ている」という。「ほぼ解かれている」という意味は、弥生には正確には分からないが、四次元のスフェアとの同相性に、いくらかの制限を残しての解決らしい。

そうして三次元の閉多様体についての「ポアンカレの予想」は、いまだに解決されずに残されている。ポアンカレ自身が予測して言った「ポアンカレの予想」だけが、未解決のまま残されているのである。それはなぜなのだろうか。

「四次元が見えない」と言い残して、数学の世界を離れていった剛さんの顔が、弥生の目に浮かぶ。彼はあの時、弥生たちの生きているこの現実と、数学で扱う三次元ユークリッド空間とを、混同しない方が良い、とも言い放った。

しかし、現実とつながっていないものが見えないことに、嘆きを持つ必要はないと弥生は思う。四次元の世界がこの現実とつながっていると思うからこそ、見えないことにこだわりを持つのではないだろうか。

三次元のポアンカレ予想は、三次元と四次元の空間にまたがって存在している。目に見える世界と、見えない世界とのはざまに横たわっている問題である、と言っても良い。

「ポアンカレ予想」の難しさがどこにあるか、などという大問題が、弥生に分かるはずはない。もしもそれが分かれば、弥生だってきっと「ポアンカレ予想」を解く側にまわるだろう。しかしこの問題の奥底には、対象物が見えることと見えないことの差が関わっているのではないかという気がしきりにする。

それは、肉体的に見えることと見えないことの差なのかもしれないし、ひょっとすると、抽象的に見えることと見えないことの差なのかもしれないのである。

第4章 多様体を解明する

磯のアワビ

三次元のスフェアなんて、この世には存在しないものである。四次元のボールの境界になっているものだからである。立花君がくれた多様体は、もしかするとポアンカレ予想の反例になっているかもしれないものである。三次元のスフェアと同相かどうかが、問題とされる対象物である。そうすると当然、それは弥生の目には見えないものである。

しかしそれは、今や弥生の手の中にあるのだ。それはアワビの貝殻みたいなボール紙に描かれた絵の形をしている。その絵は一見、カラス天狗かミミズクのような顔を、画面一杯に描いたもののように見える（**口絵4－1**　193ページ）。

ゼミで、多少は図形の見方を習った弥生は、その絵は数学的には「ジーナス3のトーラス」と呼ばれるものだ、ということを知っている。三つの穴の開いたドーナッツと同じ形である。しかし今のところ、この絵が、トーラスの表面だけを意味するのか、中身を含めた全体を意味するのかは分からない。ただの「トーラス」と言って良いのか、「ソリッドトーラス」と呼ぶべきなのか、それは、今のところは分からない。

しかもこのお面の表面には、赤、黒、青の三色の色鉛筆で、縦横《じゅうおう》に線が引かれている。数学的な目を離れて見ると、これらの線は、木彫りのお面に木目《きめ》を残した仕上げをほどこしたかのような効果をもたらしている。弥生のうちの葛籠の中にも、これに似たお面がしまってある。

察っすると、この絵は、たぶん、三次元の立体を、二次元の平面の上に描いたものである。それは別に、何も難しいことではない。絵描きが、壺だの、リンゴだのをカンバスに描くのと同じ手法である。「モナリザ」だって「着衣のマハ」だって、平面に描かれた三次元の立体であろう。「この絵は良く描けてるねえ」というほめ言葉の中には、二次元の平面の中で、いかに三次元の立体があるがままに表現されているかを評価する意味合いが含まれていることも多い。

しかし、この絵が、どう、四次元の空間の中に存在する、三次元の多様体を表現することにつながるのかは、今のところ分からない。

パン生地のスフェア

ある日ゼミで、先輩の一人が、論文の解説をしていた時のこと、ちょうど三次元のスフェアという言葉が出てきた。

その時、先生はすかさず、こう言った。

「それは、二つの三次元のボールを、バウンダリーで貼り合わせたものだね」

ゼミの最中に、先生が、ぼそりと何かをつぶやくときがある。それは、先生の頭を常に占めている問題が、学生の言葉に刺激されて発する、火花のようなものではないか、と弥生は感じている。先生のつぶやきは、先生の頭の中の鉱脈が一瞬、外に現れ出たものかもしれない。

弥生自身は、三次元のスフェアについての、また新しい知識を得たと思った。また、ちらりと四次元の世界がのぞけた感じだった。

考えてみると、二次元のスフェアである球面も、二つの二次元のボールを、その境界である一次元のスフェアで貼り合わせたもので出来ている。地球儀を作るときには、二つの半球型のプラスチックを、赤道にあたる円周に沿って貼り合わせるではないか。二つの半球型のプラスチックは、図形として見れば、二つの円板、つまり、二つの二次元のボールと同相である。

この見方に立つと、三次元のスフェアもまた、二つの「三次元のボール」を、その境界である「二次元のスフェア」で貼り合わせたもの、と考えても、何ら不都合はない。

弥生は、さっそく、台所でやってみることにした。パン作りをしていたら、丸くまとめたパンの生地が、ちょうど二つの、三次元のボールになっていることに気づいたからでもある。

初めに、二つのパン生地を、両手のひらに握る。それから両手を押しつけて、二つのボールをぴったりと、くっつけてみた。それからそのくっついた部分の面積をだんだんに広げていけば、二つのボールがその表面で貼り合わさる。

図 4-2

しかし、いくら注意深く、生地を伸ばしてはくっついている部分の面積を広げていこうとしてもだめであった。最後のところでどうなるのか想像がつかなくなるのである。最後の一点をくっつけるためには、三次元から四次元へと、次元の囲いを飛び越えるつばさが必要なのであった。

台所で、困り果てている弥生の表情は、一次元の世界しか知らない一次元虫の当惑顔に相通じるところがあるかもしれない。

直線の世界にしか住んだことのない一次元虫が、自分の住みかである線分の端と端とをくっつけて、わっかを作ることを夢見たとする。しかし、針金一本の世界からわっかを実現するためには、次元を一つ上げることが必要である。しかし一次元の世界しか知らない一次元虫にとっては、その一点の飛躍がままならないのである。一点で張り合わせることさえ出来れば、より自由な二次元の世界へと、這い出ることが可能だというのに（図4－2）。

しかし、考えようによっては、さほど、がっかりすることもない弥生の立場である。三次元のスフェアを見にくくしているものの正体を、わずか「一点の差」にまで追いつめた、と言うことも出来るからである。

四次元の台所

次の土曜日には、ゼミがあった。弥生は先輩たちが、こんな話をしているのを耳にした。

「三次元のスフェアって、ジーナス1のトーラス二つを張り合わせても、実現できるわけだからさ」

スフェアと実現という言葉には敏感になっていた弥生だったから、先輩のこの言葉は耳にこびりついた。

「三次元のスフェアって、丸いパン生地二つを、その表面で貼り合わせて実現したものなんだ」

その事実さえ、やっと信じ込み始めたばかりだった。いや、まだ、すっかり信じ込んでいる、というわけではない。どうしても納得のいかない一点を抱えているのが実状である。その一点こそが、四次元の世界へと飛び出すボタンに他ならない、というのに。

今度は、同じ、三次元のスフェアが、「一つ穴の開いたドーナッツ」二つを、その表面で貼り合わせることによっても実現出来るという話なのである。

弥生はちょっと、自分の耳を疑いたい気持ちだった。時には先輩の言うことが間違っていることだってあるかもしれない。

二つの丸いパン生地だって、一組のお供え餅だって、これを表面で貼り合わせることを想像するのは難しい。今度は、ドーナッツ二つを、「その表面で貼り合わせる」ことを想像しなさい、というのである。ゴムで出来たドーナッツだと考えても、パン生地で出来たドーナッツだと考えても、想像に余るところがある。

弥生は台所で、実際にドーナッツを作って考えた。弥生の好きな、イーストで膨らませたドーナッツである。ふくらし粉を使ったものより、生地がしっかりしていて噛みごたえがあるから、好きなのである。しかし今は、味や、噛みごたえのことを考えているのではない。ねり粉で作った、二つのドーナッツを、それらの表面で貼り合わせようという考えなのであった。

弥生は、二つのドーナッツを、横からくっつけてみたり、上下に二つ重ねてみたり、一方のドーナッツを少しいびつにして、もう一方の穴に通してみたりした。その穴の回りをくるくる巻いてみたりした。ついに苛立って、両方とも、くちゃくちゃにして一つのお饅頭にまとめてしまった。しかし、強力粉とイーストにバターも混じった生地は、お饅頭型になりながらも、お互いにお互いをはねのけて、相変わらず元は二つのドーナッツから出来ていたことを主張している。

「私たち表面で貼り合わさってなんかいないですよ、ほらこの通り」と、叫んでいるようでもある。

弥生は自分が、三次元の台所にいることを強く意識した。この台所でお菓子作りをする限り、ドーナッツをその表面で貼り合わせることなんか出来っこない。お饅頭を二つ、表面で貼り合わせることだって出来ないんだから。そういう作業は、台所ごと四次元の世界へ引っ越さなければ無理なのである。

しかしものは考えようである。だからこそ、この世に数学などという、およそ実用的とは言えない学問が、存在価値を持つのである。また、分からなくなったら、分かっているところまで後退して考えるのも、ゼミに集まる人たちの常套手段であることを思い出した。

弥生は、ドーナッツ作りを一時やめて、ねり粉のお饅頭を二つ作った。この二つのお饅頭を、その表面で貼り合わせれば、三次元のスフェアが実現する。このことは、納得したとして考えないと、話は前には進まない。

次に、一つのお饅頭から型ぬきを使って、円筒を一つくり抜いてみた。円筒がくり抜かれたの

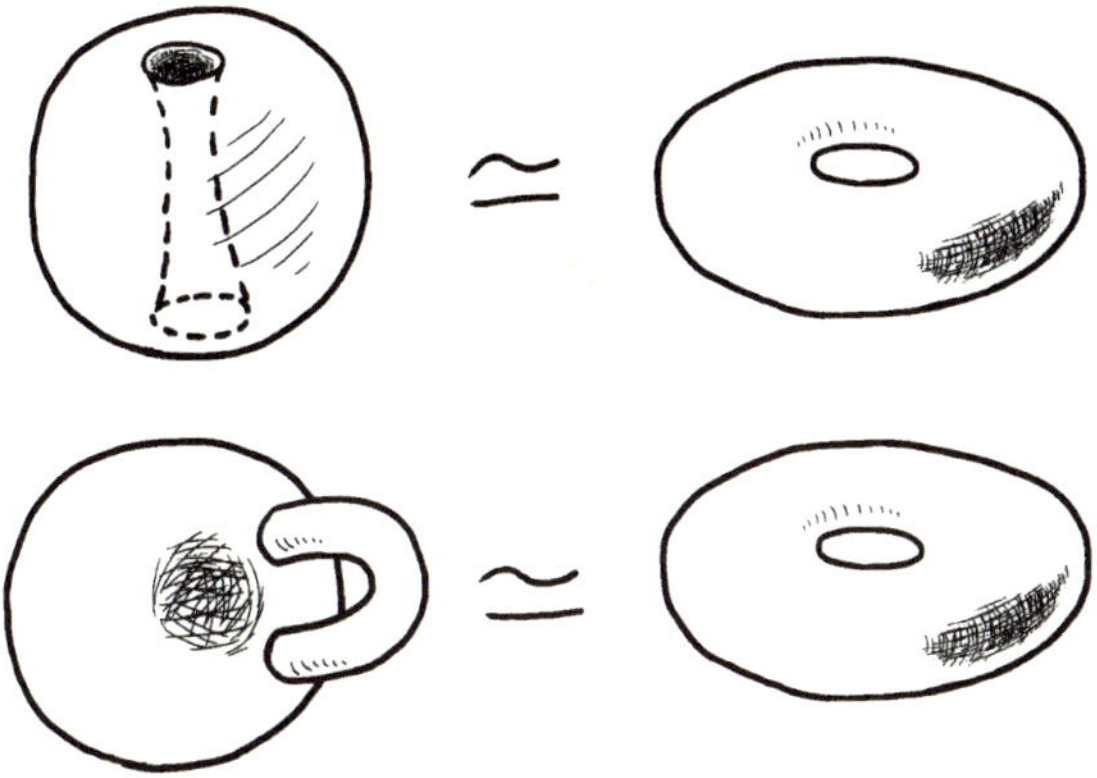

図 4-3

は、ねり粉で出来たお饅頭の内側である。ねり粉のお饅頭の表面には、型ぬきのあとに出来た円形の穴が二つ、残っているだけである（図4-3）。

二つのお饅頭を貼り合わせたとき、この型ぬきのあとは、二番目のお饅頭の表面でふさがれるはずである。それは当然、二番目のお饅頭の表面で円形をなしているはずである。そこで二つ目のお饅頭の表面にある二つの円形の部分へ、一つ目のお饅頭からくり抜いた、円筒状のねり粉をくっつけてみる。もちろんお饅頭の外側にくっつけるのである。二つ目のお饅頭は、まるで取っ手が付いたような格好をしているはずである。

そんな操作をほどこしたからといって、初めにしようとしていた、二つのお饅頭をその表面で貼り合わせて三次元のスフェアを作る、という作業には、何の差し障りもないはずである。なぜなら表面上では何の変化もないからである。

二つ目のお饅頭の表面にくっついた取っ手のようなねり粉が、貼り合わせる時、じゃまにならないかって？　それが全然じゃまにならないのである。そこが、三次元の台所を、四次元に引っ越すときに、起こってくる不思議である。

大切なことは、貼り合わせてしまえば、二つのお饅頭の表面には何の変化もきたしていない、という事実である。二つ目のお饅頭にくっつけた取っ手がどうなったかって？　それは、三次元のスフェアが実現している四次元の空間の中で、ぬくぬくと生きているはずである。

言うまでもなく、一つ目のお饅頭から、円筒状のねり粉をくり抜いたものも、二つ目のお饅頭に、くり抜いたねり粉をくっつけたものも、共に、一つ穴のドーナッツと同相である。つまり、三次元のスフェアは、一つ穴のドーナッツ二つを、その表面で貼り合わせることによっても実現できるのである。

先輩たちの会話を、ひょっと小耳にはさんだ弥生であったが、弥生の聞き取った言葉は正確であったらしい。

それと同時に、こんな事実にも予測が付く。一つ目のお饅頭からくり抜く円筒は、別に一本でなくても構わないわけである。二つ目のお饅頭は、一つ目のお饅頭から、この円筒をみなもらって、取っ手のようにくっつけていることになる。そうすると、三次元のスフェアは、穴が何個開いたドーナッツ型を二つ貼り合わせても、実現することが可能ということになるのではないか！

その上、二番目のお饅頭にくっついた取っ手は、いかにも取っ手らしく素直にくっついているとは限らない。お互いに絡まり合っても構わないし、自分自身が、ひねられていても、結び目をなしていても構わない。二つのお饅頭をその表面で貼り合わせる上においては、何の支障もないわけである。取っ手達が、どんなに行儀悪く絡まり合っていようと、二つ目のお饅頭の表面にくっついた跡さえ、互いに干渉し合ったりせずに、完全な円形をなしていれば、いっこうに構わないというわけなのである。

弥生は二つのドーナッツをその表面で貼り合わせて、三次元のスフェアを実現した手順を絵に描いておいた。ドーナッツ作りのレシピを書いたカードの後ろにスケッチしたのである。このカードを、ゼミで使うバインダーの間に挟んでおいたら、増田先輩に見られてしまった。

「あら、弥生君が、球面のヘーガード分解を絵に描いて来たよ」と彼は大声で言った。

「正確に言うと、三次元のスフェアの、ジーナス1の、標準的ヘーガード分解」

「ヘーガード分解って、何ですか？」と弥生は、おずおずと聞き返すよりなかった。

「このこと、このこと」と増田先輩は、カードをやけに振って見せた。

表へ返せば「小麦粉二百グラムに、イースト小さじ一杯、ねり粉に風邪をひかせないようにすることが大切」などと書いてあるのになあ、と弥生はますます面はゆい。

✾ヘーガードダイヤグラム

「この絵はね、ちょっと描き直すと、そのままヘーガードダイヤグラムってものになるんだ。ヘーガードダイヤグラムを用いると、スフェアだけでなく、いろいろな三次元閉多様体を表現することが出来るんだ」

と増田先輩は、話を続けた。

「君が描いた、二つのお饅頭の絵があるよね。一方は、内部から、円筒をくり抜かれているし、もう一方は、くり抜かれた円筒型を、取っ手のようにくっつけている。これらの二つのお饅頭は、もうお饅頭型ではなく、数学的には二つのソリッドトーラスになっているわけだ。

そうして、これら二つのソリッドトーラスを、その表面で貼り合わせるのだけど、くり抜かれた円筒がおさまっていた位置に、合い印《あいじるし》を付けておく。もともとは、この位置に、円筒がありましたよ、という目印だね」

弥生は、円筒がくり抜かれた方のお饅頭の内側に、目印の輪を描きこんだ。それからくり抜いた円筒の同じ位置にも、わっかを描いた。

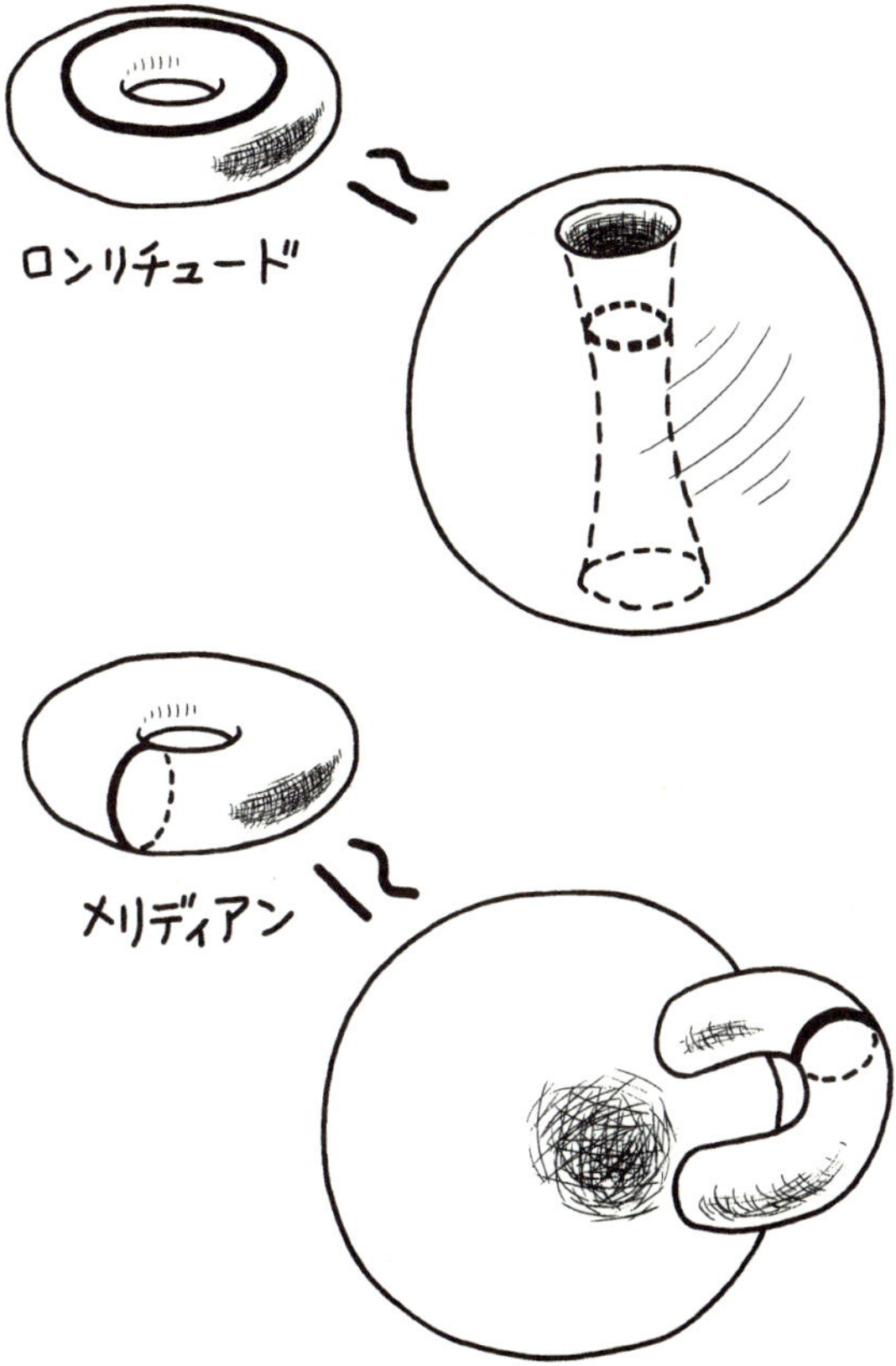

図 4-4

それから先輩は、それらのソリッドトーラスを、普通のドーナッツ型に描き直すようにと言った。弥生は、見るからにおいしそうなドーナッツの絵を二つ描いた。

するとと先輩は、

「さっき描いてた、わっかはどうなったの？」と言った。

弥生は考え考え、わっかを描き込んだ。図4-4が、わっかを描き込んだソリッドトーラスの絵である。それぞれのわっかの位置に注目して欲しい。

「二つのソリッドトーラスが、表面で貼り合わされるのだから、これからはトーラスの絵は、一つに代表させて構わないよね。貼り合わせ面は一つのはずなんだから」

と先輩は言った。

「おっとっと、貼り合わせの位置を示す、わっかを描くのを忘れないでね」

これが、弥生の描いた、トーラスの表面に、わっかが二つ描かれた絵である。これら二つのわっかの位置で、もとのソリッドトーラスが、貼り合わさっていたのである。

「これで、三次元のスフェアの、ヘーガードダイヤグラムが出来た。正確に言うと、『三次元のスフェアの、ジーナス1の、標準的ヘーガード分解を表すダイヤグラム』」（図4-5）

さっき弥生は、お饅頭からくり抜いた円筒の外側と、円筒をくり抜かれたお饅頭の内側の両方に、合い印のわっかを描いた。合い印の二つのわっかのうち、円筒の外側に描かれた方を「メリ

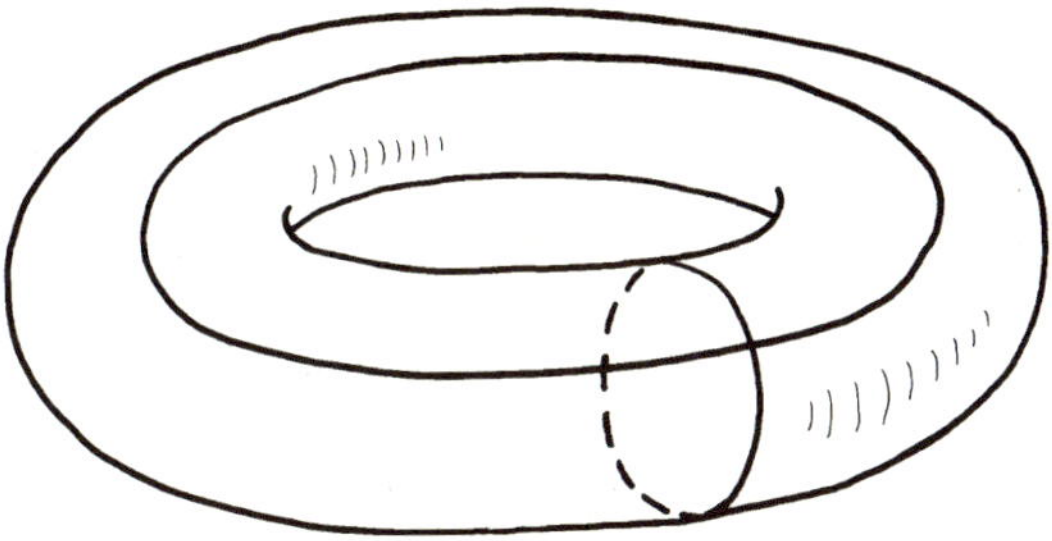

図 4-5

ディアン」、くり抜かれたお饅頭の内側に描かれた方を「ロンリチュード」と呼ぶのだそうである。

メリディアンとは、ドーナッツの内部でまくが張れるようなわっかのことである。そのまくのことを、「メリディアンディスク」と呼ぶ。これに対して、「ロンリチュード」というわっかの方は、その内部に、ドーナッツの内部でまくを張ることは出来ない。「メリディアン」と「ロンリチュード」は、必ず一対になって、ドーナッツの表面上に存在している。

三次元のスフェアは、中身の詰まったドーナッツ型の立体二つを、その表面で貼り合わせることによって実現できる。もちろんこの二つのドーナッツ型の立体どうしは、穴の数が同じでなければならないが、穴の数そのものは、何個

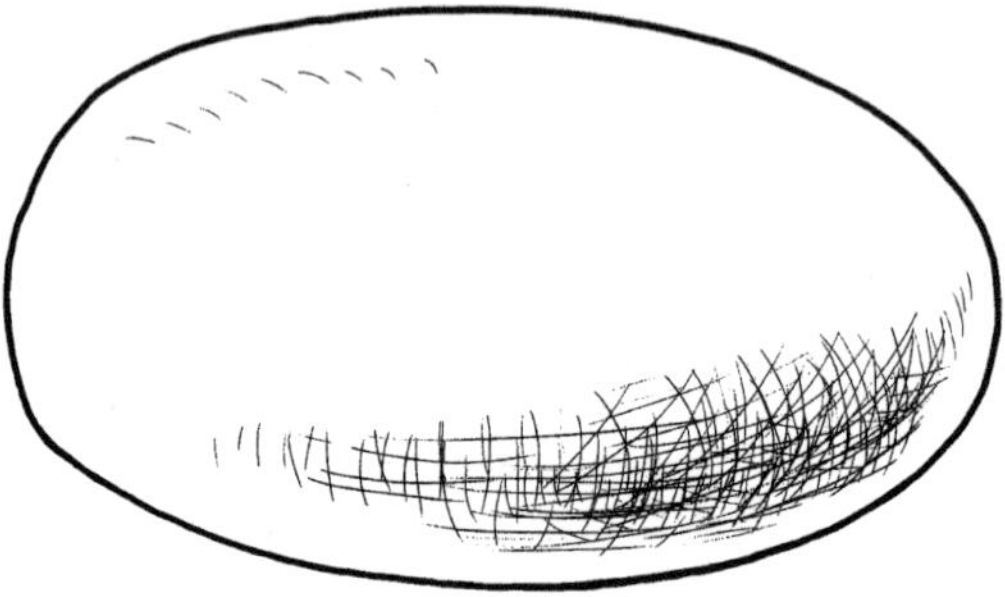

図 4-6

であっても構わない。

ヘーガードダイヤグラムとは、二つのドーナッツ型の立体を貼り合わせるときに、その貼り合わせ面となる、ドーナッツの表面に、貼り合わせるドーナッツの「メリディアン」と「ロンリチュード」の対を、すべて記入したものであるという。

「『スフェアの、ジーナス0のヘーガード分解』と言ったら、何のことだか分かるよね?」

と増田先輩は念を押す。弥生は目を白黒させた。

「いやだなあ、三次元のボールを二つ、その表面で貼り合わせたもののことでしょう?」

と先輩は笑った。

あ、あのお饅頭型の、パン生地二個を貼り合わせる話だったっけ、と弥生はようやく気が付

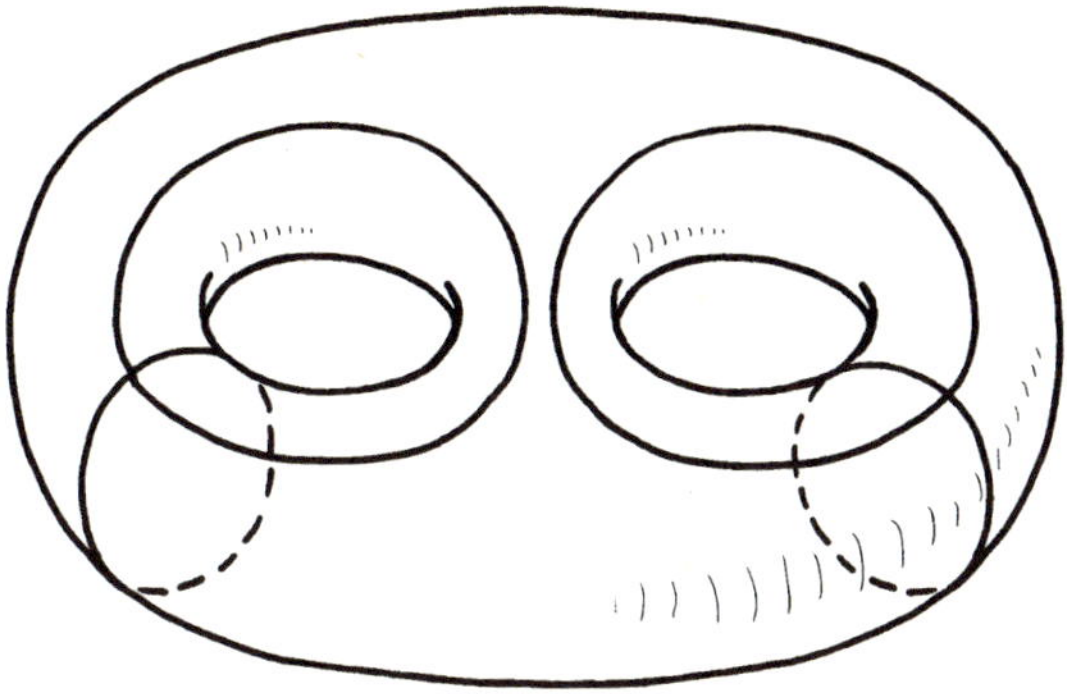

図 4-7

く。

「念のため、スフェアの、ジーナス０の、ヘーガードダイヤグラムを描いてみて」

弥生が、考え考え描いたのが上の絵である（図４-６）。文字通り「絵に描いた餅」一個の絵になった。

「じゃあ練習問題だよ。今度は、『スフェアの、ジーナス２の、ヘーガードダイヤグラム』を描いてみて。標準的なもので良いからさ」（図４-７）

こっちの方が割にすらすらと描けて、先輩にほめられた。ドーナッツの生地に、取っ手を二本くっつけた姿がすぐに頭に浮かんだからである。

「球面の、ジーナス０のヘーガードダイヤグラム」は、一種類しかない、これは当たり前、と

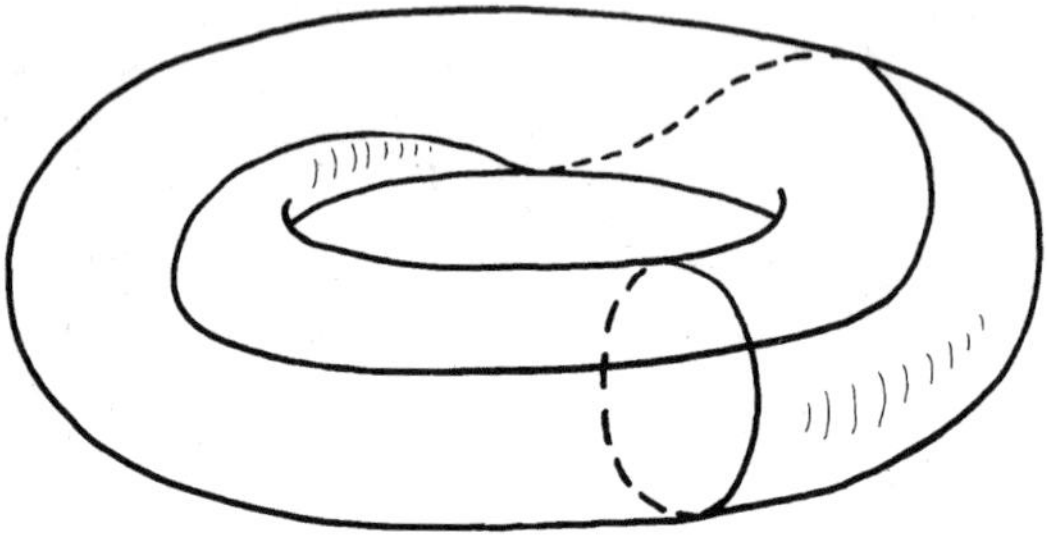

図4-8

増田先輩は話を元に戻した。だけど「球面の、ジーナス1のヘーガードダイヤグラム」となると、いくつも描けてしまうんだ。君が描いた標準的なヘーガードダイヤグラムの他にこんなのがあるよ、と言いながら黒板に描いてくれたのが、この絵。

「二つ目のお饅頭につけた取っ手を、一回ひねってからくっつけた絵だわ」と弥生は気がついた（図4-8）。

「そう」と先輩はうなずいて、

「このメリディアンは、何度絡んでいてもいいわけだよね」と言った。

「お饅頭につけた取っ手が、何回ひねってくっついていようと、表面で貼り合わせる分には何の変化もないってことだわ」と弥生。

「そう」と先輩は言うと、弥生の方をうかがう

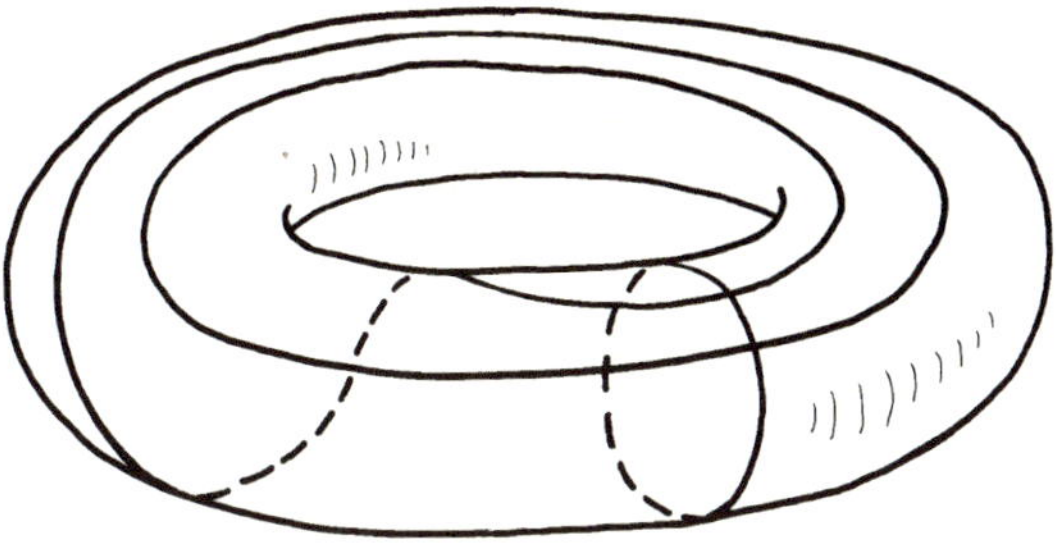

図 4-9

ように見た。

「じゃあ、この絵はどう？　もちろん、ヘーガードダイヤグラムの一種だけど……」（図 4 - 9）

多様体L(2, 1)

弥生は、この絵を家の台所へ持って帰って、実際にねり粉を、ひねったりくっつけたりして考えたい。そうして、二つのドーナッツを、どんな具合に貼り合わせたら良いのか調べてみたい。そうすれば、もっと「分かった」気がするだろう。いや「分からなさ」の方をこそ、身をもって体験したい弥生かもしれない。どうしても納得のいかない一点にこそ、四次元の世界へのもぐり穴が隠されていることに気づいたからでもある。

しかしこの先輩は、弥生を、なかなか台所などには行かせてくれそうにない人である。そもそも、数学と台所とがちょっとでも関係を持つ、なんてことには思い及ばない人だと、弥生は踏んでいる。

「この絵はね、ジーナス1のトーラス二つを貼り合わせた絵なんだけど、実は、貼り合わせた結果が、三次元のスフェアにならない例なんだ」

中身の詰まったドーナッツ二つを、表面で貼り合わせると、三次元のスフェアが出来ることは分かった。今度は、穴が一個のドーナッツ二つをくっつけて、スフェア以外の多様体を作ろう、という話なんだ、と弥生は想像する。

「スフェアになる」ことを実感することも難しいんだから、「スフェアにならない」ことを実感するのはもっと難しいだろうなあ、と弥生は考えた。スフェアでないとすると、どんな多様体が出来上がるのだろう。そぞろ台所へ駆け込みたい気持ちがする。

「何故、スフェアにならないかというと、その理由自体はいたって簡単。実は、パイワンが消えてないからなんだ」

また、「パイワン」という言葉が出てきた。多様体の表面や内部に埋め込まれたループが、その多様体をはみ出すことなく一点に縮むかどうかを調べることで、その多様体の特徴を捕らえようという考え方だった。立花君の言葉の中にもあった。キーワードの一つだった。

「パイワンは位相不変量なんだから、パイワンが消えていなければ、この多様体は、三次元のスフェアと同相ではあり得ないというわけだ。

　この多様体にはL(2　1）という名前が付いている。この命名の仕方については、あとで説明するよ」

　と先輩は言った。

異次元の薔薇

「多様体L(2　1）は、三次元のスフェアと同相ではない多様体ということなんですけど、実際にはどんな多様体なんでしょうか？」

　と弥生はやっと、口を挟んだ。話を台所の方向へと持って行くきっかけを作ったのである。

「それはね、レンズ状の三次元のボールを一個用意する」

「凸レンズでいいんですか」と、弥生は聞き返した。

「そう。そうしたら、レンズの上側の膨らみを二等分する。下側の膨らみも二等分する。それから、レンズの上下の膨らみを貼り合わせるんだけど、貼り合わせ方にコツがある」

一七九ページの絵が先輩に教わった、レンズの膨らみの貼り合わせ方である。もちろん弥生はレシピを台所へ持っていって、パン生地でやってみた。

まず、パン生地を上下に、とんがり帽子のように伸ばす。それから、上と下のパン生地をくっつけることを考える。上下のとんがり帽子を、それぞれ縦に二等分しておいてから、お互いに半周回った向こう側の壁にくっつけるのである（図4－10）。

お饅頭を二個、その表面で貼り合わせるよりずっとずっと、想像しにくい立体となることは確かである。

一般にはL(p q) で表されるこの多様体にはいろいろな種類があるわけである。初めの数字pは、レンズの表面の分割の個数を表しているし、後ろの数字、qは、分割したレンズの上下の部分をくっつけるときに、いくつずらすかを表しているからである。

これらの多様体は「レンズ空間」という名前で総称されている、と増田さんは言っていた。三次元の閉多様体の中では、すでに解明のついている立体であるという。

よく調べたら、L(7 1) とL(7 2) という二つのレンズ空間には、注目すべき性質があることが分かったそうである。これらの二つの多様体の、パイワンの型が同じであるにもかかわらず、互いに同相でないことが分かったのだそうである。

「ということは、何を意味しているか分かる？」

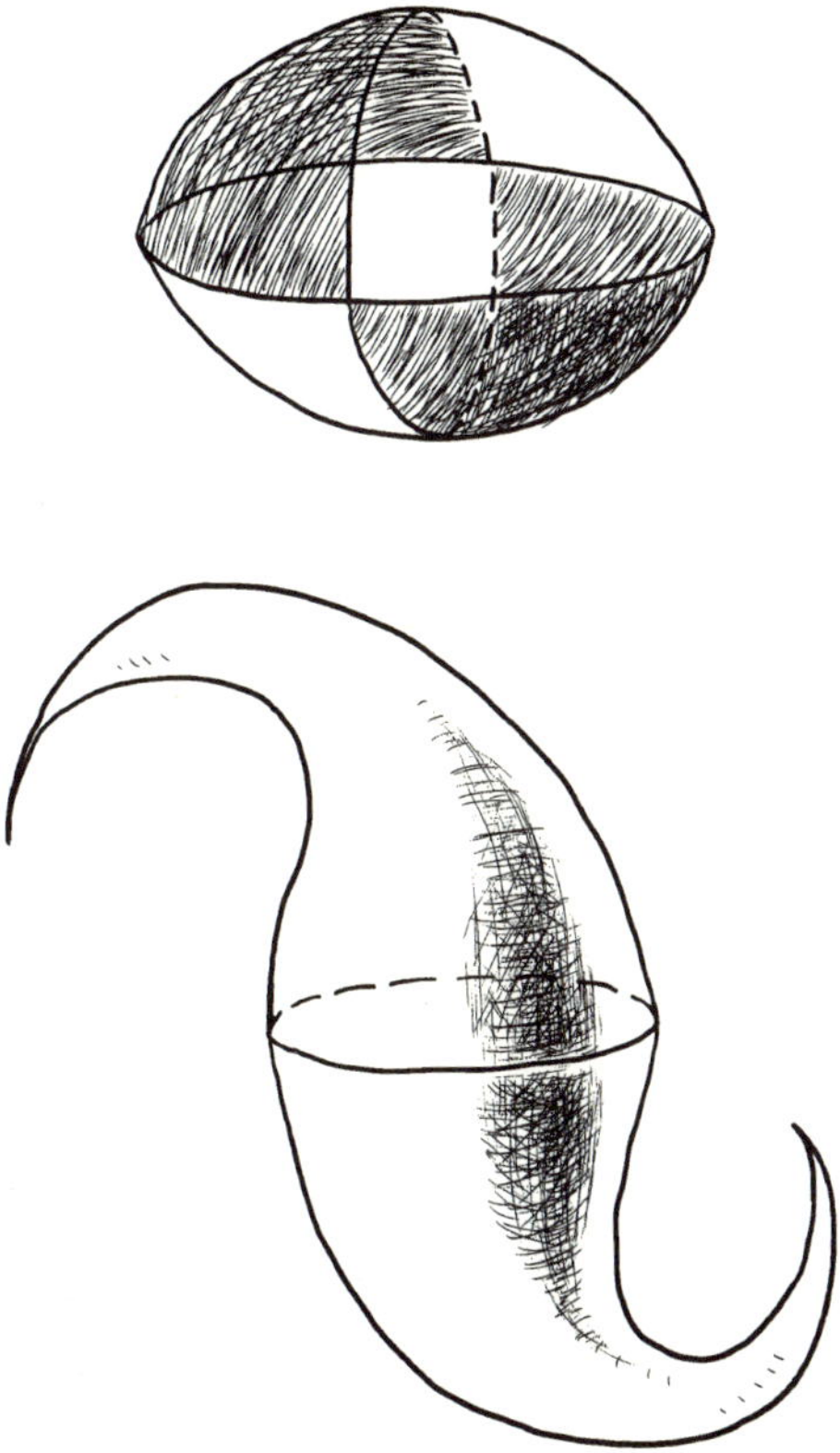

図 4-10

と、増田先輩は眼鏡を光らせた。

「ポアンカレ予想は一般化できないってことが分かったんだ。パイワンだけでは、三次元の多様体は分類できないってこと。パイワンの型が同じという多様体の中に、互いに同相でない多様体が混じっているってことが分かってしまったわけなんだから」

弥生は、ポアンカレ予想を表す命題を、頭の中にたぐり寄せた。


三次元の閉多様体で、パイワンが消えているものは、三次元のスフェアと同相かどうか。


「ポアンカレ予想って、少なくとも、パイワンがスフェアと同じ型を持っていたら、その閉多様体は、スフェアと同相になるんじゃないか、という予想ですよね」

先輩はちょっと、胡散《うさん》臭そうに弥生の方を見た。弥生が、どのくらい事情に通じているのか不安に思うからだろう。

ポアンカレの予想を表す命題自体をいくらこね回してみても、この予想の真偽についてはちっとも分かってこないはずだ、と弥生は、頭の片隅で、考えていたのである。

それよりも、具体的な多様体をいろいろと作り出してみて、そのパイワンや、スフェアとの同相性を、いちいち確かめていく作業が大切なのだろう。

証明するにしろ反例を出すにせよ、具体的な多様体の姿を、出来るだけ多く知るということが
ポアンカレの予想に踏み込む第一歩だ、ということが分かってきた。

しかし、その具体性に問題はある。この多様体は、所詮《しょせん》は、目に見えない立体だからである。

そこで、「ヘーガードダイヤグラム」が登場してくる。目に見えない立体を、目に見える「地図」の形に表現する方法である。そうしてこの地図を頼りに、直接、見ることの出来ない立体の姿を、探求していくことになるのである。

その手順としては、やっぱり、簡単な地図から、一つ一つ確かめていくのが自然な方法と思える。そうすると、「ジーナス１のヘーガード分解」で表される、レンズ空間について熟知することが、始めの一歩であることはよく分かる。

ポアンカレ予想に限らず、三次元の閉多様体を研究する、ということは、人間の目に見えない空間で、勝手な振る舞いをしている、お饅頭の取っ手たちの行状をいちいち調べ上げる、ということかもしれない、と弥生は思った。取っ手たちのくっつき方が問題になるのだから、いわば彼らの「交友関係を調べ上げる」ということかもしれない。そう思ったら、急に、人間くさい学問のようにも思われてきた。

それはそうと、弥生は、レンズ空間を一つ実現して、これを自分だけの根付にしたくなった。

いちばん簡単なレンズ空間L(2 1)だって、根付にすれば美しいものになりそうである。象牙かなんかに彫ってもらえば、誰も見たことのない薔薇のつぼみのように見えるかもしれない。しかし、彫り師の職人さんは、四次元の世界で雇わねばならないし、その根付を慈しむためには、弥生は当然、この世に住んではいられないという難題がある。

❦ヘーガード分解の有効性

「この間は、大事なことを話すのを忘れたよ」

と増田先輩から電話がかかってきた。

「ヘーガードダイヤグラムのことも話したし、レンズ空間のことも話したけれど、一番肝心なことを話すのを忘れている。なんだか分かる？」

弥生は言葉に詰まった。

「それを聞きたかったら、ゼミにおいで。話してあげるから」

弥生にすれば、立花君にもらったあの多様体、アワビの殻のようなボール紙に描かれたあの「カラス天狗」のような顔を持つ多様体が、何であるのか、その正体を知りたいと思うだけである。立花君の言い置いていった言葉から考えると、それはポアンカレ予想に反例を与える、重要

な多様体かもしれないのである。

しかしそれを握っているだけでは、何も分かってこない。小安貝を取りに行って失敗した、昔の貴族と同じ体たらくかもしれない。この、カラス天狗の絵から、情報を読みとるためには、もっと他の知識が必要であることは分かっている。

もちろんこの絵の意味するところは分かった。多様体の「ジーナス3のヘーガードダイヤグラム」である。

ある三次元の多様体を、三つ穴のドーナッツ二つをその表面で貼り合わせたものに分解する。その貼り合わせ方を、ドーナッツの表面に書き表したのが、あのカラス天狗のような表情を持つ絵なのである。

ドーナッツ形の図形の上に、縦横に描かれている、赤、青、黒の線は、それぞれ三本のメリディアンを表している。これらの線に沿って、二つの、中身の詰まったドーナッツが貼り合わせてあると考えればいいのであろう。しかし、この線の複雑きわまる絡み具合を見ると、実際に貼り合わせる作業は大変そうである。もっとも、実際に貼り合わせることなんか、この世の中の人間には、誰一人、出来ないのである。四次元の世界の住人でなければ、無理な作業なのである。そう考えたら、なんだか気が楽になった。この複雑さを、複雑なままに受け入れればいい、ということが分かったのかもしれない。

しかし立花君がなぜ、ジーナス3のものを取り上げたのか、その必然性は分からない。この間の先輩の話から類推すると、ジーナス1のものにだって、ジーナス2のものにだって、実に様々な多様体がありそうである。その中にはポアンカレ予想の反例は混じっていないのだろうか。

弥生の方ももくもくとした疑問を抱えて、ゼミに出向いた。

立花君の先生は、自分の研究室を、自由に開放している。自習や勉強会には、いつでも先生の研究室を使っていいことになっている。コンピュータも何台か備えてあるから、その点でも便利な場所である。

ところで、先生自身は、どこで勉強するのだろう。研究室が空いていれば、研究室でする。自宅でもするのだろう。電車の中でも、公園のベンチでも、ゼミの最中でも、要するに、どこでもするのだろう。先生は、自在に研究室の鍵を握っている人らしい。

思うがままに籠《こ》もることの出来る研究室の中で、先生は、誰も見たことも、想像したこともないような図形の形を、あれこれと思い描いているのだと思う。

ほんのちょっとでも、先生の頭の中の世界に入って行く方法はないものかしら、と考えながら、研究室のドアを開けたら、増田先輩が待っていた。黒板には、すでに、こんな文句が金釘《かなくぎ》流で書いてあった。

①全ての三次元閉多様体は、ヘーガード分解が出来るか。
②同じヘーガードダイヤグラムからは、同じ閉多様体が実現するかどうか。

「この二つの事実が保証されているから、ヘーガードダイヤグラムは、三次元の閉多様体を扱う上で有用な道具になるわけなんだ」
「ふうん」とうなずいた弥生には、おのずと、ほぞを固めた気合が入っている。

もじゃもじゃのドーナッツ

三次元多様体は、いくつかの四面体を、その面である三角形で貼り付けた立体である、と考えてもいい。閉多様体となると、境界がないのだから、四面体の全ての面は、他の四面体の、どれかしらの面に貼り付いていることになる。

いま、一つの四面体から、その中身をくり抜く。くり抜き方は、次の絵のような具合である。図4-11Aの左側の絵は、くり抜かれた方の四面体を表しているし、右側の絵は、くり抜いた中身の形を示したものである。

図4-11Bの絵は、それぞれの立体を変形したものである。どちらも、線形を中心にして、こ

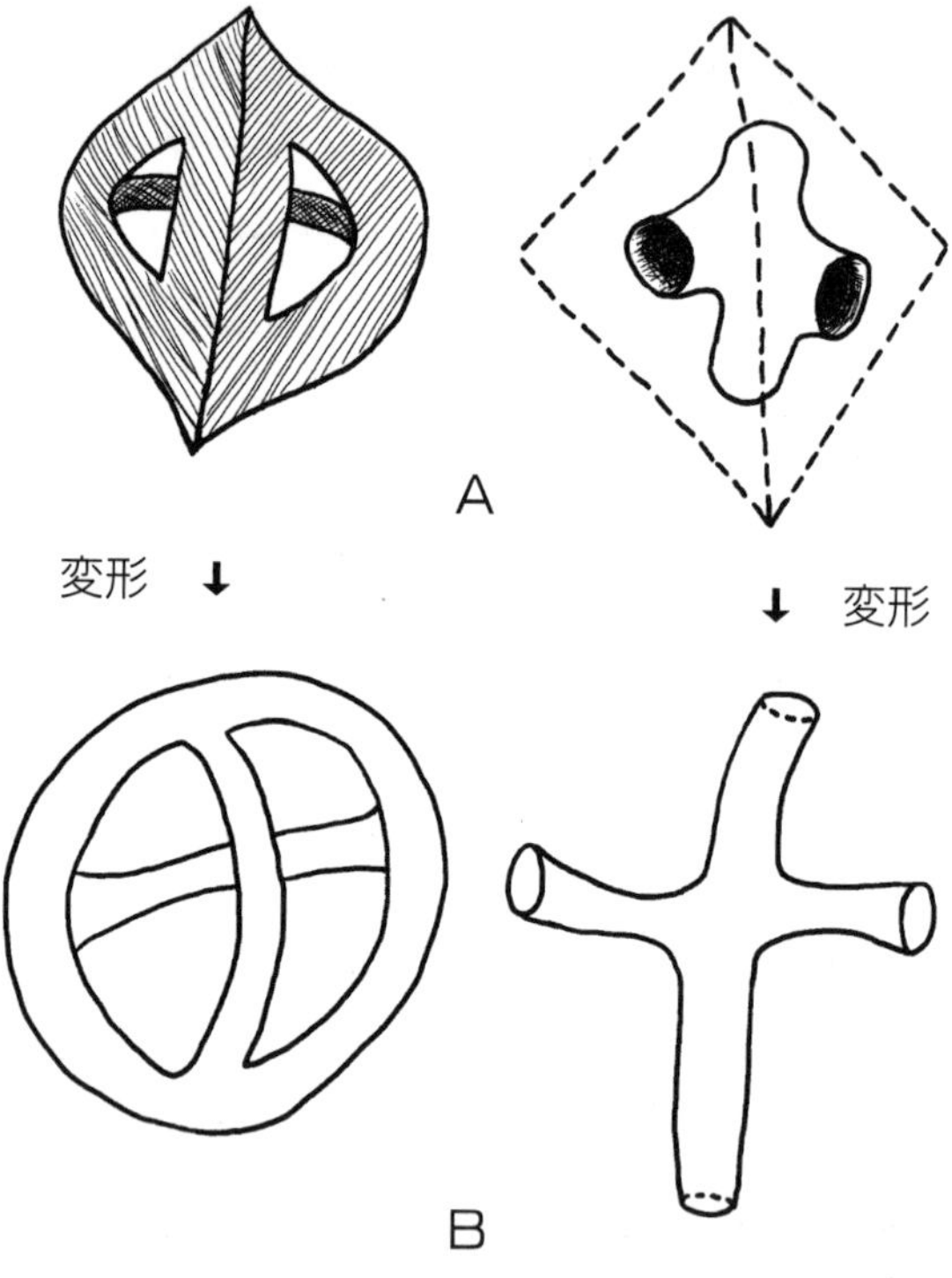

図 4-11

れに厚みをつけた、円筒状の立体をつなげたものと同相である。

多様体を構成している一つ一つの四面体から、この絵のやり方で、中身をくり抜き、外側を残す。それから、元通り、これらの四面体をくっつけることを考える。この作業は、二番目に描いた、円筒をつなげて出来た立体を、くっつけると考えても同じである。

そうするとくっつけた結果は、外側も中身も共に、複雑に絡まり合った、ドーナッツ状の立体になっている。

立体自身の性質としては、こうした絡みは問題にしなくて良いのだから、外側も中身も共に、同じ個数だけ穴の開いたドーナッツに同相になっているはずである。

これが「すべての閉多様体がヘーガード分解できる」ことを、スケッチ風に描いたものである。言葉を正確に使う先輩の説明の仕方をそのまま再現すると、もっともっと複雑になることは確かである。

数学者の手品

もう一つの命題「同じヘーガードダイヤグラムからは、同じ多様体が実現する」には「同じ」という言葉が二回使ってある。後半の部分にでてくる「同じ」とは同相という意味だろう。

前半の部分にでてくる「同じ」とは、ヘーガードダイヤグラムとして示された二枚の絵がどんなときに「同じ」と見なされるのか、その見方を説明しないと分からない。

二種類のヘーガードダイヤグラムがある。これらのヘーガードダイヤグラムは、いくつかの穴の開いたドーナッツの絵を、平面上に描いたものである。そのドーナッツの表面には、絡まり合った、何本かのループが描かれている。このループは、このヘーガードダイヤグラムのもとになっている、二つの中身の詰まった「ドーナッツのくっつけ方」を、線で示したものである。

そこで、二枚のヘーガードダイヤグラムが同じであるとは、絵に描かれた二つのドーナッツ同士が、同相であり、しかも、おのおのの表面上に描かれたループ同士の間にも、この関係が保たれている、ということでなければならない。

例のホメオグラスで、この二枚の絵に描かれているトーラスを見たとき、絵に描かれている二つのトーラスが、表面に描かれたループの線ごと、そっくり同じに見える、という意味だろう。

こういう意味で「同じ」と見なされる、二種類のヘーガードダイヤグラムから、具体的な多様体を実現した場合に、出来上がった二種類の多様体が互いに同相であるかどうかは、検証してみる必要のある事実らしい。

それが、黒板に書いてあった二番目の命題「同じヘーガードダイヤグラムからは、同じ多様体が実現するか」の意味するところらしい。

きちんと証明するのは、難しいことらしいと、弥生には分かった。増田先輩の言うことは、弥生にはすべからく、ナッティに聞こえる。固いクルミのごとく、砕いて理解するには難しい、という意味である。

しかし、その説明に出てきた「アレキサンダーの手品」と呼ばれる定理の話は、なんだか面白かった。この「手品」、つまり定理とはこんなものである。

ボールが二つある。何次元のボールでも構わない。そうして、これらのボールの境界どうしに、同相な関係が定まっている。そうすると、この同相な関係が、ただちに、ボールの内部にまで拡張できる、というのがその定理の内容である。

弥生が、この「手品」を面白いと思ったのは、弥生の目から見れば実に簡単なこの事実が、どうして、数学者の目を見張らせるのか、という点につきるかもしれない。観衆達の目がいっせいに輝き出すのを見ることこそが、弥生にとってのマジックショーである。たいていのことには驚かない、数学者という種族からなる観衆だからである。

増田先輩は、こんな具合に「手品」の内容を使ってみせた。二つのトーラスをくっつけるループの回りを、ボールで囲い込んで、まずその境界だけに同相性を保証してやる。それから例の「手品」を使って、内部までそっくり同相に持ち込むのである。

内堀を埋めてお城をのっとるような具合で、二つの多様体が、同相であることを示して見せたのである。

なぜ三つ穴のトーラスなのか

先輩の方は、ヘーガードダイヤグラムの有効性を説くのに必死である。それを用いて、自分の研究を進めていこうという先輩にとっては、当たり前の態度だろうと思える。足下の地面を固める作業につながるからである。

弥生も、自分の知りたい方向へと余念なく、耳学問にいそしむ。この、誠心誠意な人物に対して、申し訳ないと思う気持ちを、どこかに抱きつつ。

一つ穴のドーナッツ、つまり「ジーナス1のソリッドトーラス」を、特定の貼り合わせ方で貼り合わせた多様体を「レンズ空間」と総称するのであった。レンズ空間は、分類が出来ている。つまり、この仲間には、ポアンカレ予想の反例となる多様体は存在しない、ということである。

次に「ジーナス2のソリッドトーラス」を貼り合わせて出来る多様体の姿も、よく研究されている。この仲間にも、ポアンカレ予想の反例となる多様体は含まれていないことが分かっているそうである。

だから立花君のくれた多様体が、三つ穴のドーナッツに、ループの絡まったヘーガードダイヤグラムで表されていたのには、必然性がある、ということになる。「ジーナス3のソリッドトーラス」を、その表面で貼り合わせて出来た多様体の中には、ポアンカレ予想の反例になる可能性のある閉多様体が存在する！

パイワンを計算する

増田先輩は、弥生に、三次元の閉多様体の見方や、その分類の仕方の初歩を教えてくれるつもりらしい。後輩に説明したり、後輩に話させることによって、自分自身の知識を整理したり、その応用の仕方を考える態度である。ゼミを主宰する先生自身も、ゼミ生に期待するところは、基本的にそれだろう。人に教えたり、人から聞いたりして触発された火花のようなものが、自分自身の研究に、新しい世界を切り開く発破となるのであろう。

弥生自身は、自分自身が少々、心もとない。少々どころか、大いに、心もとないと言っても良い。だからこういう先輩が付いていなければ、今、弥生自身の抱えている問題は決して解決しないだろう、ということは身にしみて分かっている。

弥生にとってそれは単に多様体の問題ではないかもしれない。ひょっとするとそれは愛の問題かもしれない。いや、必ずしも愛だけの問題とは限定できない。愛の問題を含んだ、多様な人生の問題の一つである、と言っておくのが正解かもしれない。

少なくとも数学の問題からはちょっと離れた、弥生自身の問題であることは確かである。となれば、この生真面目な先輩を利用するだけのことになるのかもしれない。もっともそこのところは深く追求したくはないし、今は、そのいとまもない。

弥生は何よりもまず、立花君のくれた多様体で、そのパイワンが消えているのかどうかを確かめたいのである。

「ヘーガードダイヤグラムから、もとの多様体のパイワンを計算するには、どうしたらいいんですか」

我が意を得たり、とばかりに、うなずいた増田先輩であった。

ハンドルボディ

ソリッドトーラスは、見方を変えれば、ボールに何本かのハンドルを付けたものと見なせる。お饅頭に取っ手を付けた立体と考えれば良いからである。つまり、ソリッドトーラスは「ハンドルボディ」という名称で一くくりされる多様体の仲間である。

ヘーガードダイヤグラムとは、トーラスの表面に、二つのソリッドトーラスの貼り合わせ方を

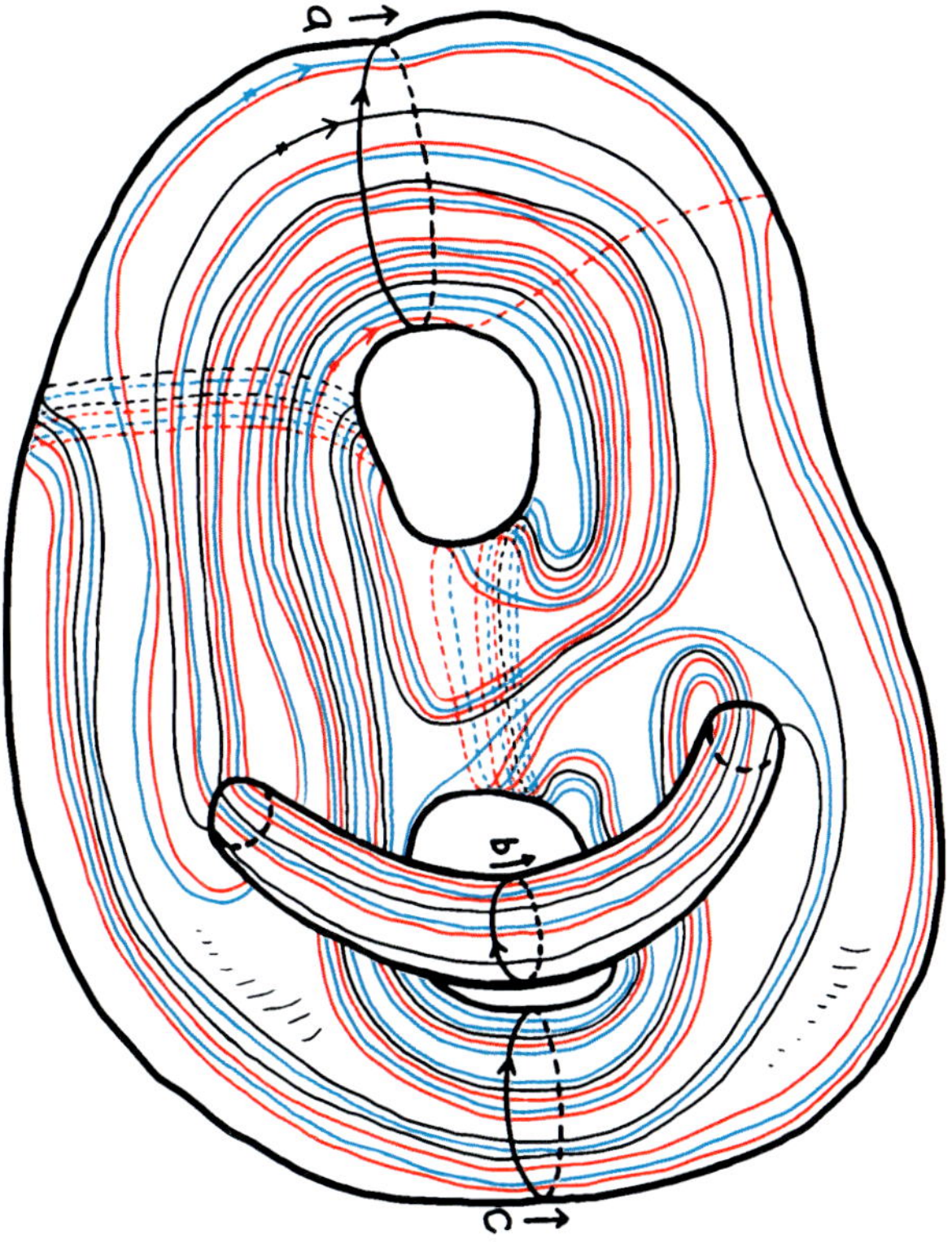

口絵4-1

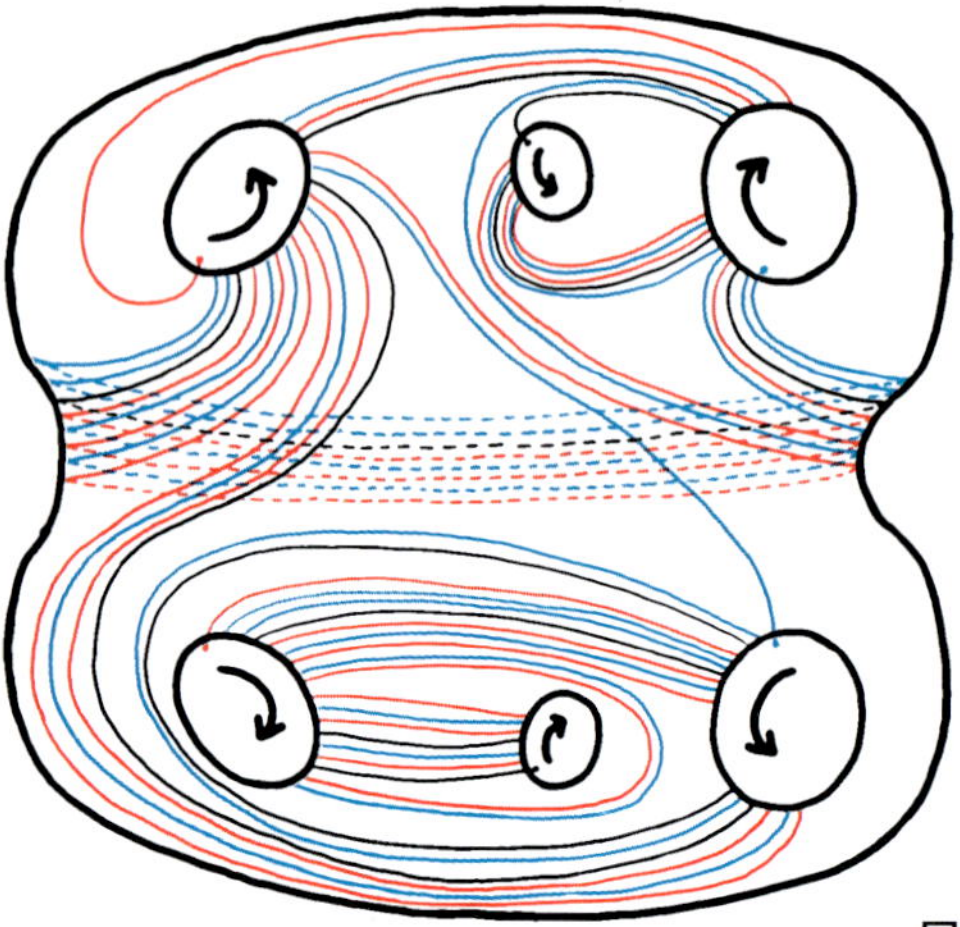

口絵4-16

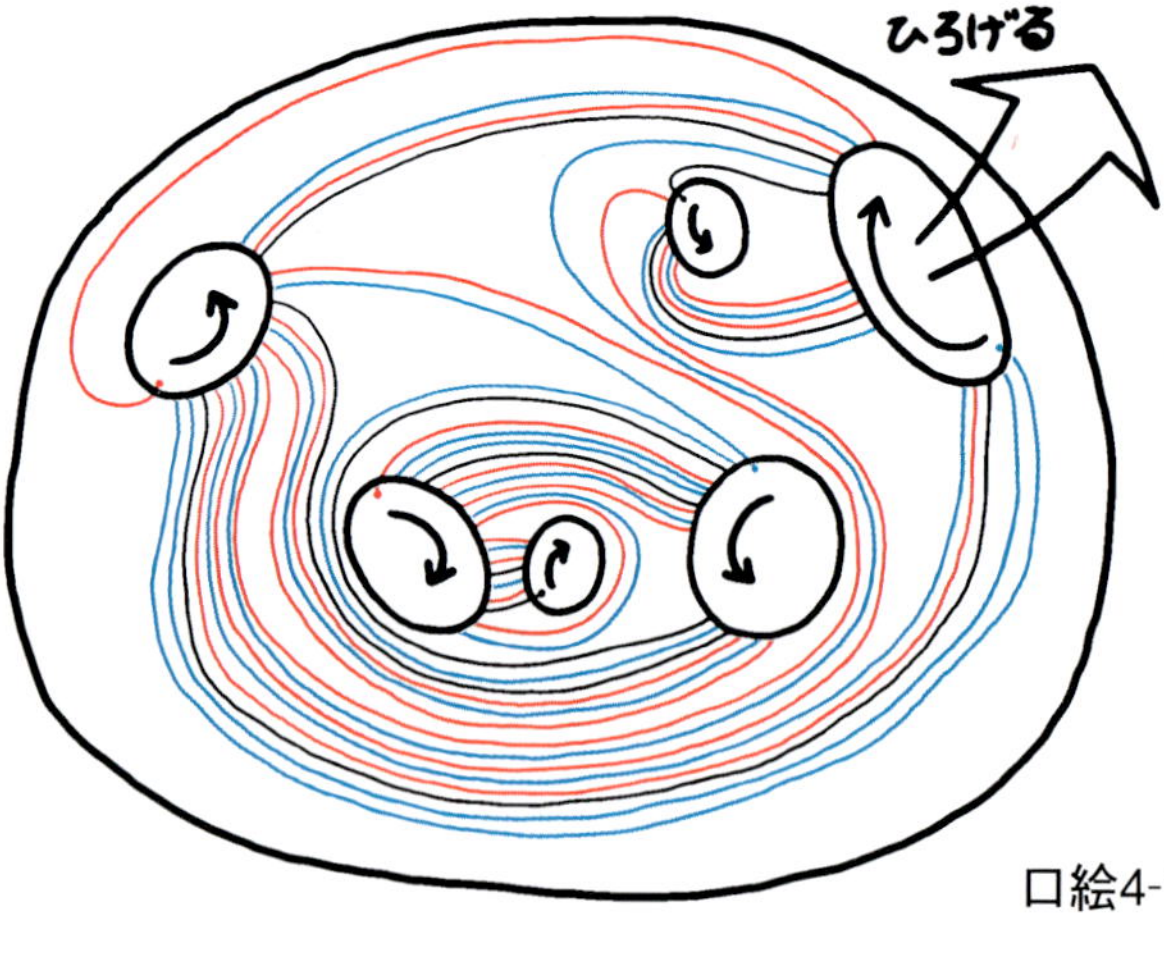

口絵4-17

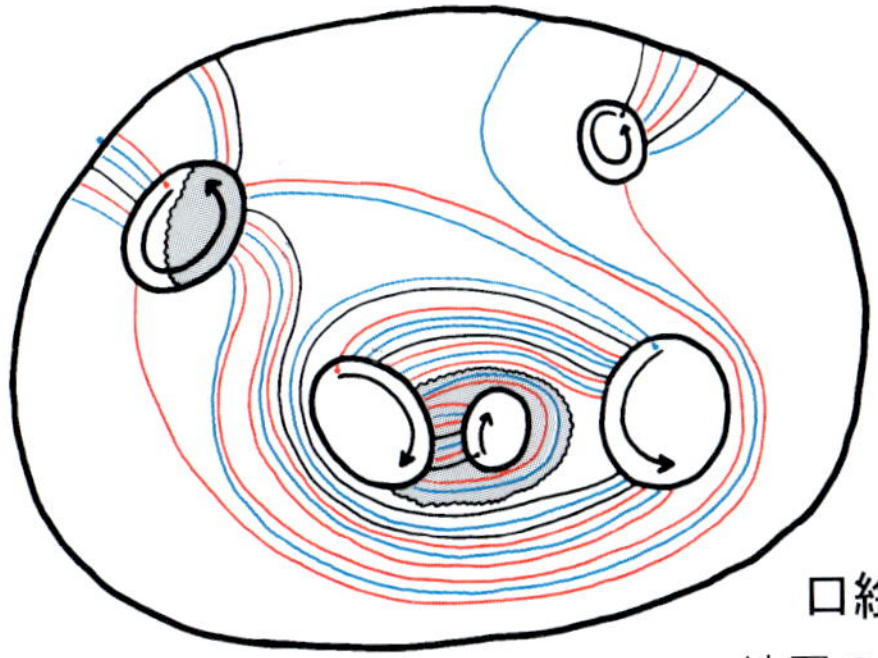

口絵4-18

地図のスタート

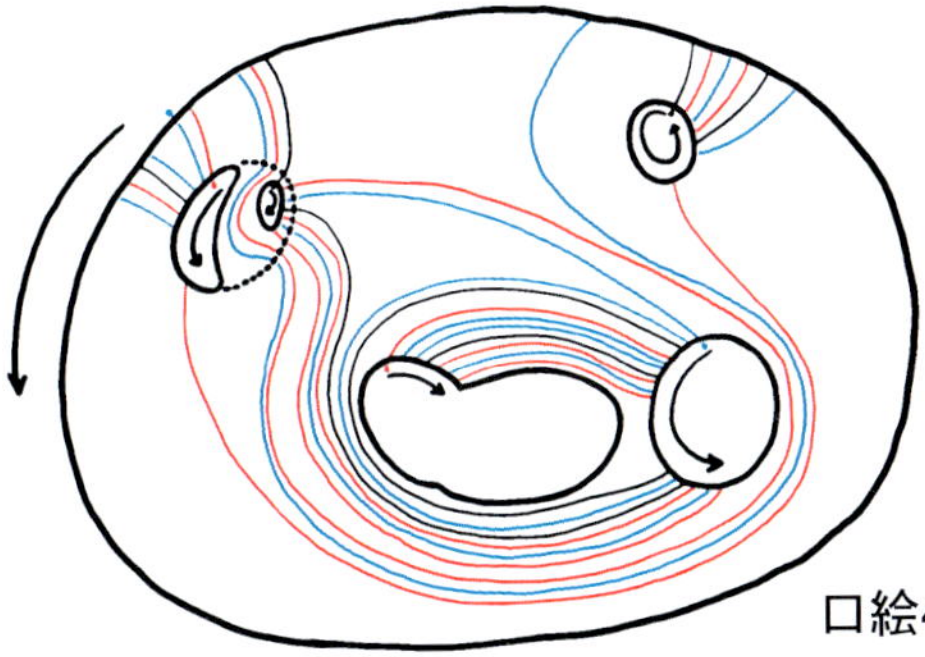

口絵4-19

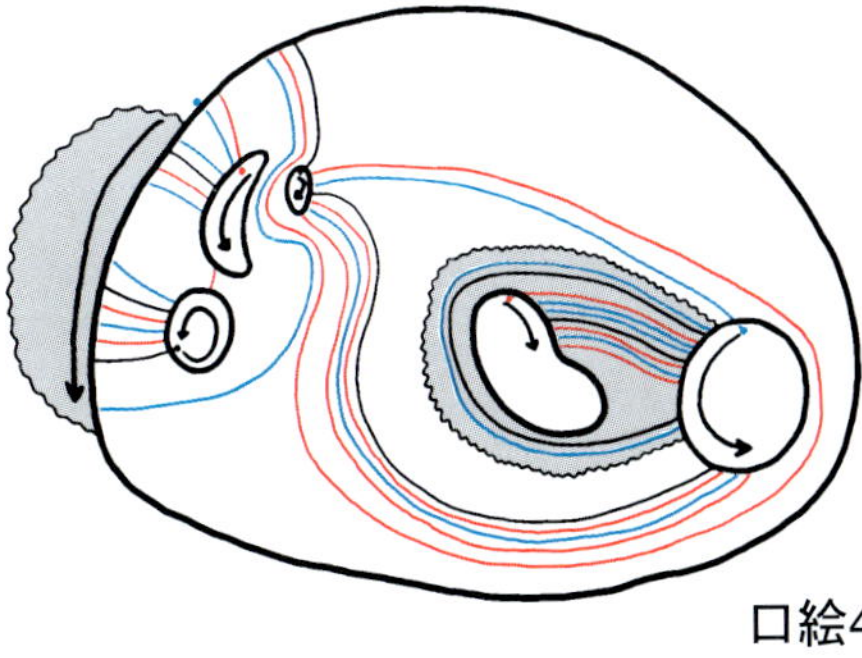

口絵4-20

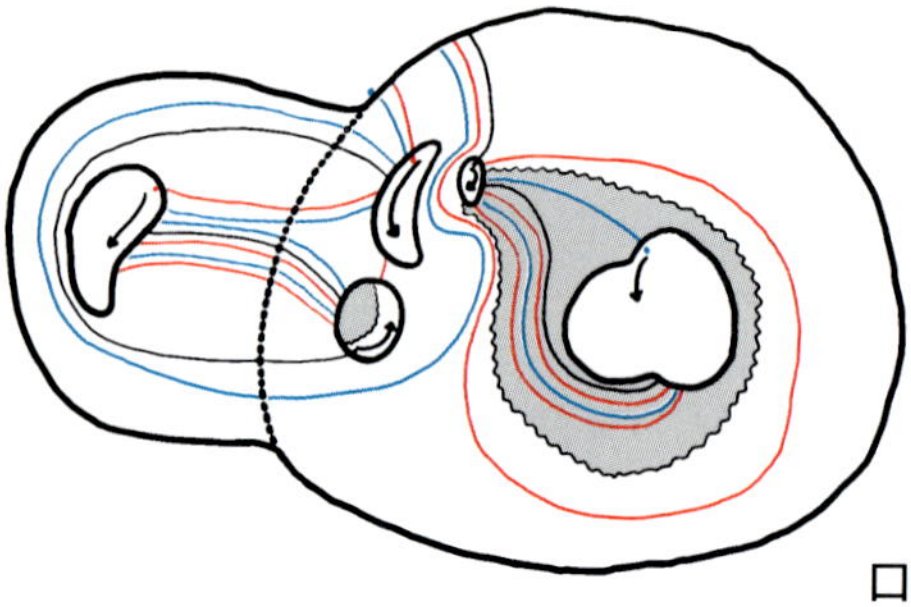
口絵4-21

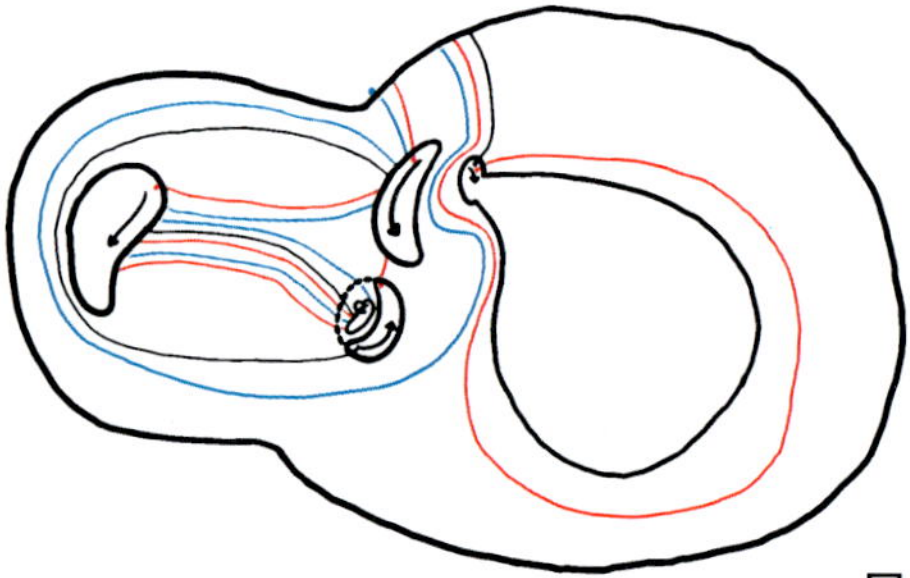
口絵4-22

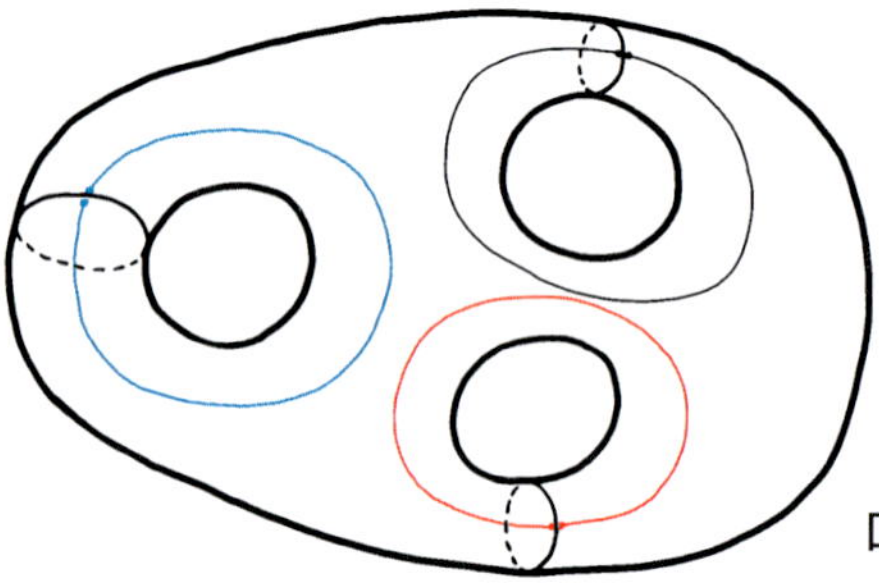
口絵4-31

示すループを描き表したものである。ループとは、円板の境界になっている円周と同相な図形である。

そうすると、立花君のくれた多様体のパイワンを計算するためには、「ハンドルボディに円板の境界を貼り合わせて出来た多様体」のパイワンの計算の仕方を学べばいいことになる。

ハンドルボディがある。図4-12Aのようなものだと考えても良い。このハンドルボディのメリディアンディスクを指定して、$D_1, D_2, D_3, \cdots\cdots$と名前を付けておく。指定されたメリディアンディスクの境界、∂D_iに向きを描いておく。

今度は、貼り合わせる円板の境界を、ハンドルボディの境界上に描く。これは、図に示されたようなループになっているはずである。このループにLという名前を付け、Lに「向き」を付けておく。それから、ループLに書き始めの点を指定し、これを点Pとしておく（図4-12B）。

Lの始点Pから順に、メリディアンディスクの境界との交点を、次のようなルールに従って読む（図4-13）。

読んだ文字を順に書き並べてみる。この一つながりの文字が、ループLを表す固有の表現、強いて言えば、ループLそのものだと考えて良い。単語みたいになっているから、これを「語」と呼ぶ。一つながりのループが、一つの「語」として表現されたことになる。

もちろん、文字の順番は大切な要素である。文字が、どういう順番に並んでいるか、というこ

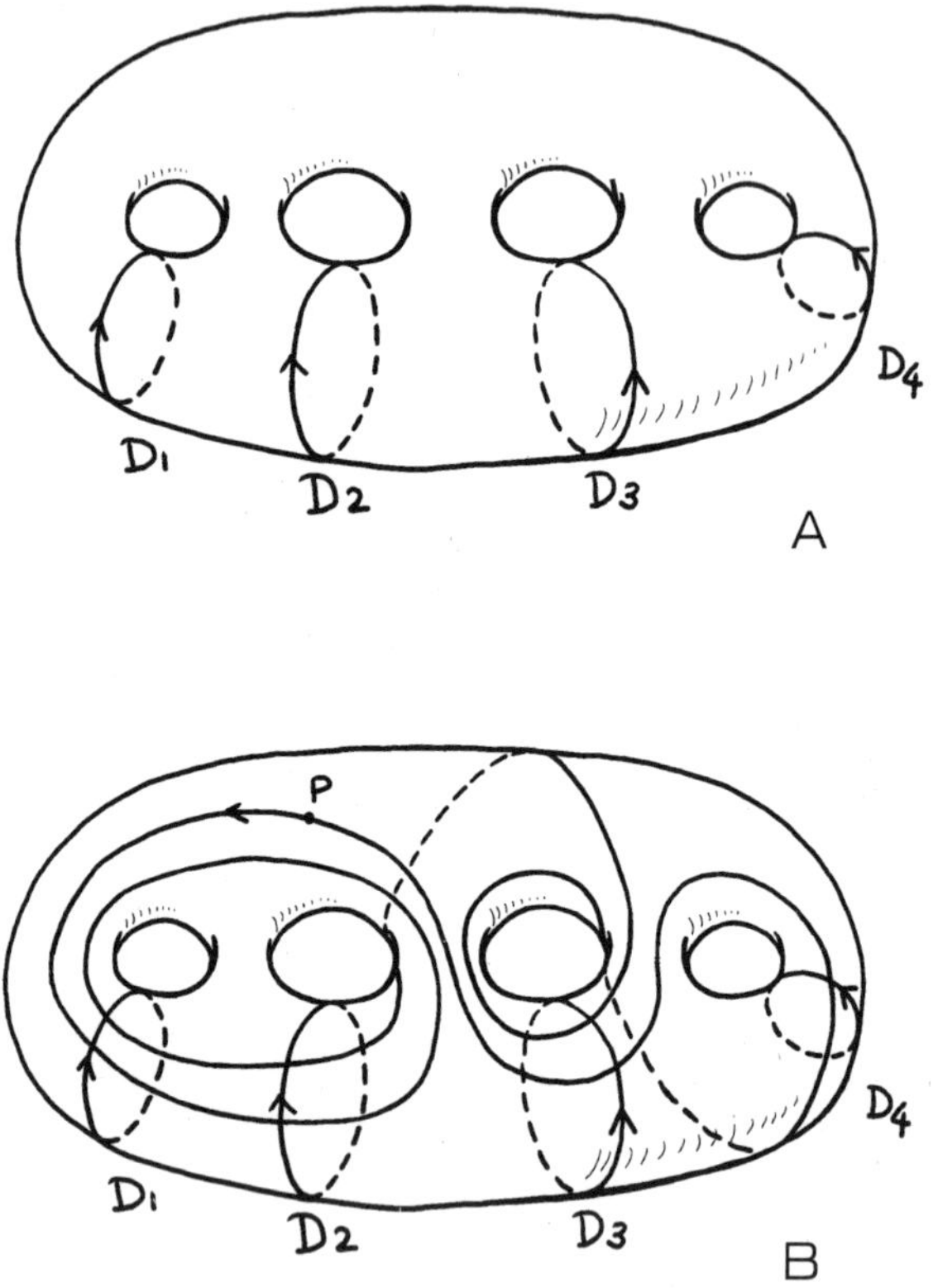

図4-12

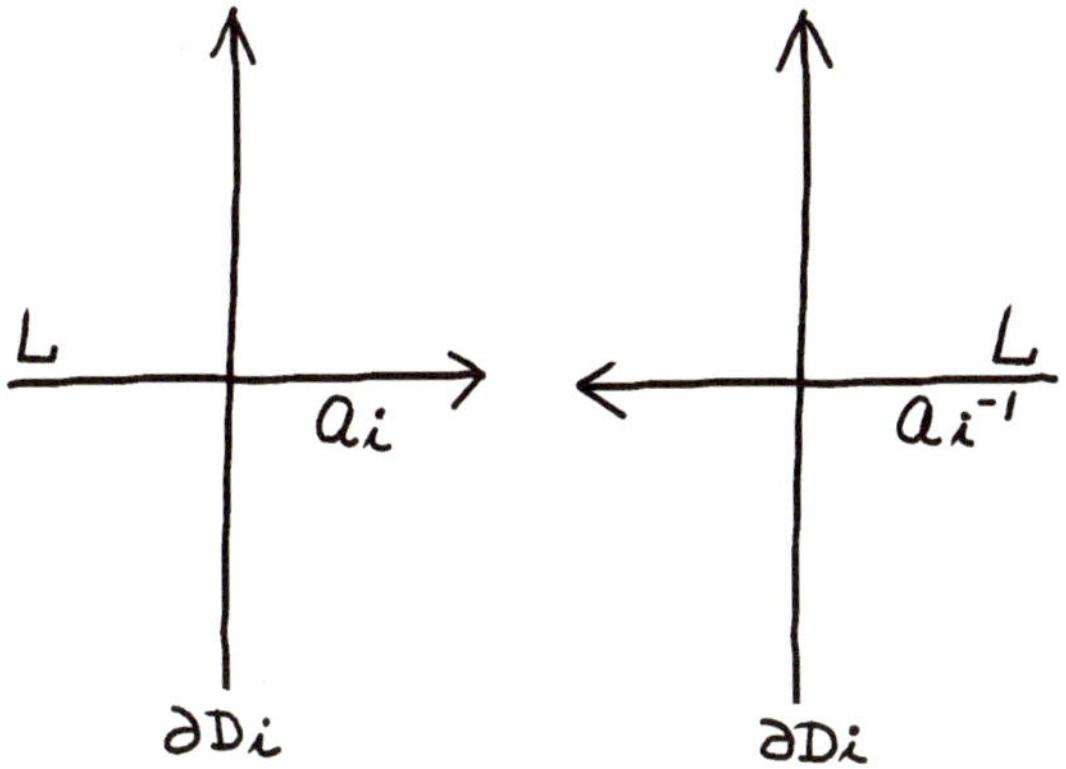

ループが ∂D_i を左から右へ通過するとき a_i と読む　ループが ∂D_i を右から左へ通過するときは a_i^{-1} と読む

図 4-13

とが、この「語」の個性だと言ってもよい。

この例題の絵について言えば、ループLは、次のような「語」で表されるはずである。

$$a_1 a_2 a_1 a_2 a_3^{-1} a_4 a_3^{-1}$$

(皆さん、合いましたか)

この語は、もとのハンドルボディでは、円板の境界になっているループを表しているから、このことを、数字の「1」と置いて表す。円板の境界が、この円板の中で「一点に縮む」のと、同じ性質を表していると考えられるからである。

こんな具合にして、各々のループを一つながりの語として表したものを1と置けば、この多様体のパイワンを表現する式が得られるのである。

$$a_1 a_2 a_1 a_2 a_3^{-1} a_4 a_3^{-1} = 1$$

天狗の鼻

そこで弥生は、家に帰って、立花君がくれた例の多様体を取りだしてみた。それは、もはや、キャンパスのエノキの木の下で、立花君がくれたあの多様体そのものではない。

あの時立花君がくれた多様体は、弥生の家の庭に置いたまま、行方が分からなくなってしまった。弥生自身が、その扱い方を知らなかったから、不注意にも、傷つけてしまった覚えもある。

今、弥生の手元にあるのは、その後弥生と共に、いささかの旅を経たあげくに、再び弥生の手に戻ってきた物体である。すでに三次元の閉多様体そのものではなくて、それをヘーガード分解して、図式に表した、ヘーガードダイヤグラムの形をしている。つまりアワビの殻に描かれたカラス天狗の絵になっているものである。

天狗にも、ミミズクにも見えるこのお面の上で、まずは、三つのメリディアンディスクを指定し、これを a, b, c と名付けておく。

赤、青、黒と三色に塗り分けられたループが、このメリディアンディスクを横切っている。弥生は、先輩に教わったとおりのやり方で、向きと始点を定め各メリディアンディスクを横切る、ループの出入りを読んでいった（口絵4－1参照）。

赤いループを表す語　$a\,c^{-1}\,a^{-1}\,b\,c^{-1}\,a\,b^{-1}\,a\,a^{-1}\,a\,c^{-1}\,a^{-1}\,b\,c^{-1}\,a\,c^{-1}=1$

青いループを表す語　$a\,c^{-1}\,a^{-1}\,b\,c^{-1}\,a\,c^{-1}\,a\,c^{-1}\,a^{-1}\,b\,c^{-1}\,a\,c^{-1}\,c\,a^{-1}=1$

黒いループを表す語　$a\,c^{-1}\,a^{-1}\,b\,c^{-1}\,a\,c^{-1}\,c\,b^{-1}=1$

この「語」の中で、$a\,a^{-1}$や、$c^{-1}\,c$のような順番で文字が出てくるところがある。これは同じループを一回回ってすぐに、また、逆回りすることになるのだから、初めから「回らなかった」ものと考えてよい。つまり、ここでまず、一回目の簡約が出来るのである。

簡約した結果が、次の語である。

赤　$a\,c^{-1}\,a^{-1}\,b\,c^{-1}\,a\,b^{-1}\,a\,c^{-1}\,a^{-1}\,b\,c^{-1}\,a\,c^{-1}=1$　①

青　$a\,c^{-1}\,a^{-1}\,b\,c^{-1}\,a\,c^{-1}\,a\,c^{-1}\,a^{-1}\,b\,c^{-1}=1$　②

黒　$a\,c^{-1}\,a^{-1}\,b\,c^{-1}\,a\,b^{-1}=1$　③

ここで、新たに「文字の順番を変える」というルールを入れて、パイワンの式を書き直せ、と増田先輩は言っていた。文字の順番を変えて良い、ということは、形式的には、文字の間に足算の記号を入れ、a^{-1}, b^{-1}, c^{-1} をそれぞれ $-a$, $-b$, $-c$, と見なすことによって、それぞれの式を整理する、ということである。この場合、その合計は1でなく0にする。そうすると、パイワンの式は、弥生が良く知っている、三元一次の連立方程式と同じ形になる。

$$\begin{cases} 2a+b-5c=0 \\ a+2b-5c=0 \\ a-2c=0 \end{cases}$$

この連立方程式を解いてみて、もしも、$a=b=c=0$ 以外の答えを持った場合には、その時点でもう、「パイワンが消えない」ことが分かるのである。

a, b, c を未知数として出来た、この連立方程式の解は、$a=b=c=0$ である。（この解は、もちろん手計算でも求められるが、複雑な場合には行列を使って計算する）

少なくとも「パイワンが消えている」ことに期待が持てることになる。

再びパイワンに戻る。三本の語を睨《にら》んでいると、③の式の語がそのまま、①の式に繰り返されている部分がある。

そこで①の式のその部分を③の式で簡約する。簡約した結果は

$$a c^{-1} a^{-1} b c^{-1} a c^{-1} = 1 \qquad ④$$

となる。
この④の式と、③の式とを比べると、$b = c$ が出てくる。
③の式に $b = c$ という関係を入れると

$$a c^{-1} c^{-1} = 1 \qquad ⑤から$$

$$c = a c^{-1} \qquad ⑥$$

同じく②の式にも $b = c$ という関係を入れると

$$a c^{-1} c^{-1} a c^{-1} a^{-1} = 1 \qquad ⑦$$

この式に⑤の関係を入れると

$$a c^{-1} a^{-1} = 1$$

この式から

$$a = a c^{-1} \quad ⑧$$

⑥と⑧から

$$a = c$$

すなわち

$$a = b = c$$

である。この関係を再び③の式に入れると

$$c = 1$$

が出てくる。

すなわち

$$a=b=c=1$$

である。

どのループも、一点に縮むことが分かったのである。

つまり、これで、立花君が弥生にくれた多様体の「パイワンは、消えている」ことが分かったことになる。

コセットテーブル

パイワンが消えることを、実証するのは一般には難しいと、先輩は言う。たとえば、こんな形の語で表されるパイワンでさえも、消えることを目視による置き換えで示すのは難しい。(実際にやってみて下さい)

$$y\,y\,y\,x\,y^{-1}\,y^{-1}\,x^{-1}=1 \qquad x\,x\,x\,y\,x^{-1}\,x^{-1}\,y^{-1}=1$$

そこで「コセットテーブル」という計算方法が開発されている。

コセットテーブルは、パイワンを計算する一つの道具である、特色のある「表」の形をしている。正確に言うと、パイワンの式に出てくる「文字の順番を入れ替えても良いことを保証する」道具であるという。

コンピュータにこの表を組み込んで、組織的に計算させることも可能である。しかし、最終的に何手で、計算が終わるか分からないところが難点だという。ひょっとすると永遠にコンピュータを動かしていなければならない事態もあり得る、ということだろう。今日という日には、計算が終わらなくとも、明日には、終わるかもしれない、ということである。しかし、永遠には待てないのが人間の常である。

とすれば、弥生の持っている多様体でパイワンが消えることが分かったのは、思いがけない幸運に類する出来事、ということになるのかもしれない。

解決への道

立花君が弥生にくれた多様体のパイワンは確かに消えている。その上、もしもこの多様体が「三次元のスフェアに同相でない」ことが分かったとしたら、大変である。

百年前にフランスの数学者、ポアンカレが予測して言った、命題が「真」でないことが分かってしまうからである。それは「『ポアンカレ予想』の反例」が出た、ということである。百年近くもの間、何人もの数学者を悩ませもし、夢中にもさせてきた「ポアンカレの予想」が否定的に解かれたということでもある。

三次元のスフェアでは、そのパイワンは消えていることが分かっている。このスフェアの中に埋め込まれたどんなループも、このスフェアの中で一点に縮むことが分かっている、という意味である。

そこで、境界を持たない、三次元の多様体を一つ持ってくる。そうして、この多様体の中にもループを埋め込んでやる。もしもこのループが、この多様体の中のいたる所で「一点に縮んだ」ら、つまり「パイワンが消えて」いたら、この多様体自身が、三次元のスフェアと同相だと断定できるのではないか、というのが「ポアンカレの予想」である。

未解決の問題があった場合、その問題を証明しようとすることと、その問題に反例を出そうとすることとは、同等の意味を持つものである、と弥生は確か、高校の授業の時に教わった。その時はまさか自分がこんな形で現場に立たされる日が来ようとは思ってもみなかった。

そうすると、弥生が次に確かめなければならないことは、この多様体が、スフェアに同相であるかどうか、ということになる。もしも同相でないことが分かったとしたら、その時、この多様体は、ポアンカレ予想の反例となるのである。百年来の難問が解決してしまった、ということになるのである。

あのホメオグラスがあったらなあ、と弥生は、また、未練がましく考える。あの眼鏡は三次元空間でしか使えないよ、と剛さんは言っていたが、三次元多様体なら、すべてのぞくことが出来たのだろうか。それとも、三次元の閉多様体には、使えない道具であったのだろうか。やっぱりあの眼鏡の性能については、もっとはっきり確かめておくべきだった、と思う。

しかし、弥生の目の前にあるのは、別に、四次元空間の中の立体でもないし、三次元の閉多様体そのものでさえない。一枚の画面に描かれた、三つ穴のドーナッツに線の絡まった絵である。

この絵だけを頼りに、もとの多様体が三次元のスフェアと同相であるのかないのか、確かめる方法があるのではないだろうか。出来たら、立花君のためにも、同相でないことを知りたい弥生である。

で、弥生は結局、ゼミへ行って、例の先輩に聞いてみた。

「ヘーガード分解された多様体が、球面と同相でないことは、どう確かめればいいのですか」

増田先輩は弥生の顔を、じっと見た。弥生のような新米のゼミ生が、どうしてこんな質問をしたのか、その真意を測りかねているといった様子であった。

「球面の判定だね」と、ややあってから、先輩は口を開いた。それから、彼は自分のあごをなでながら言葉を続けた。

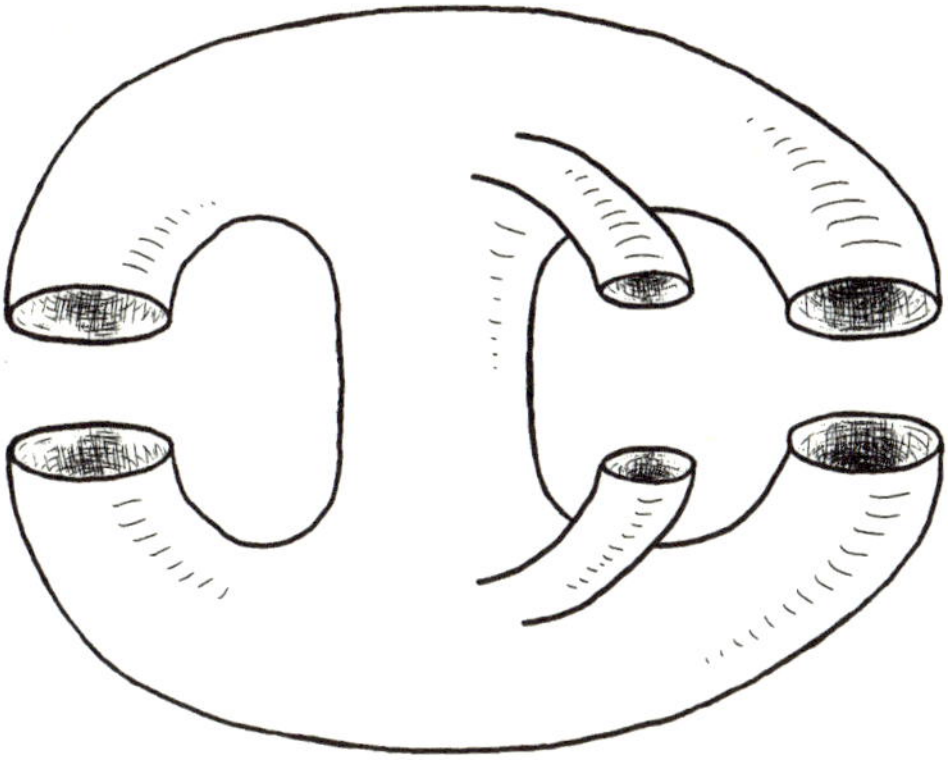

図 4-14

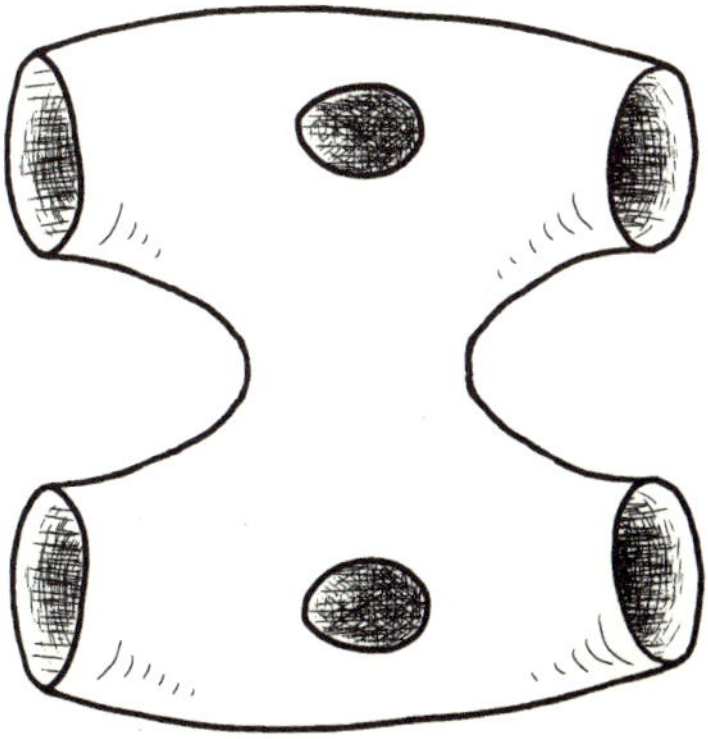

図 4-15

「それは、一般的な話となると、たいへん難しい問題だね」

彼は、なおもしばらく、一人で考えをめぐらしていた様子だったが、やがて、「君は、今、何か具体的な多様体を持ってるんじゃないの？」と聞き返した。弥生がよっぽど、思い詰めた目つきをしていたからかもしれない。

「良かったら、それを僕に見せてごらん」

弥生はおずおずと、立花君からもらった多様体、例の、アワビの殻に描かれたカラス天狗の絵を取り出した。

まず先輩は、弥生が立花君にもらった、あの多様体を切っていった。切る位置は、弥生がパイワンを計算するために使った、三つのメリディアンディスクの場所である（図4－14）。切った部分をもう少し縮めるとこんな形になる（図4－15）。

さらに変形して、ループを記入するとこんな図になる（口絵4－16）。これは二次元の球面に、六つの穴をあけた図形と同じである。どの穴とどの穴とが本来、くっついていたかを確認しておく。

ここで、右上の一つの穴を広げ、この穴から球面を平面上にのしてしまう（口絵4－17）。のした結果がこの図である（口絵4－18）。押し広げられた小さな円が、この絵の輪郭となっている外側の大きな円になっていることに注意が必要である。

この絵はもう立体ではなくて、平面上の図形である。地図みたいなものである。ここから地図の切り貼りがスタートする。

これから展開される地図の切り貼りには、世界各国で、自国を中心にした世界地図が売られているという事実と似たところがある。日本を中心にした世界地図は、大西洋で切り開かれて描かれている。アメリカ大陸を中心にした世界地図は太平洋で切り開かれて描かれているだろう。どっちも正しい世界地図である。

口絵4－18の左側の二つの穴は、本来くっついているのだから、下の穴のまわりの一部を切り取って、上の穴にくっつけてしまっても構わない。

くっつけた結果を表したのが、**口絵4－19**。三色のループもそれぞれ、誤りなくつないでおかなければならない。切り貼り細工は、また外科手術にも似たところがある。神経や血管を、誤りなくつながなければならないからである。

同様のことをもう一回したのが**口絵4－20**

その結果と、さらにもう一回の切り貼りをする位置を同じ画面に示したのが、**口絵4－21**

その結果を示したのが**口絵4－22**

同じく、切り貼りをする位置を示したのが**図4－23**

その結果が**図4－24**

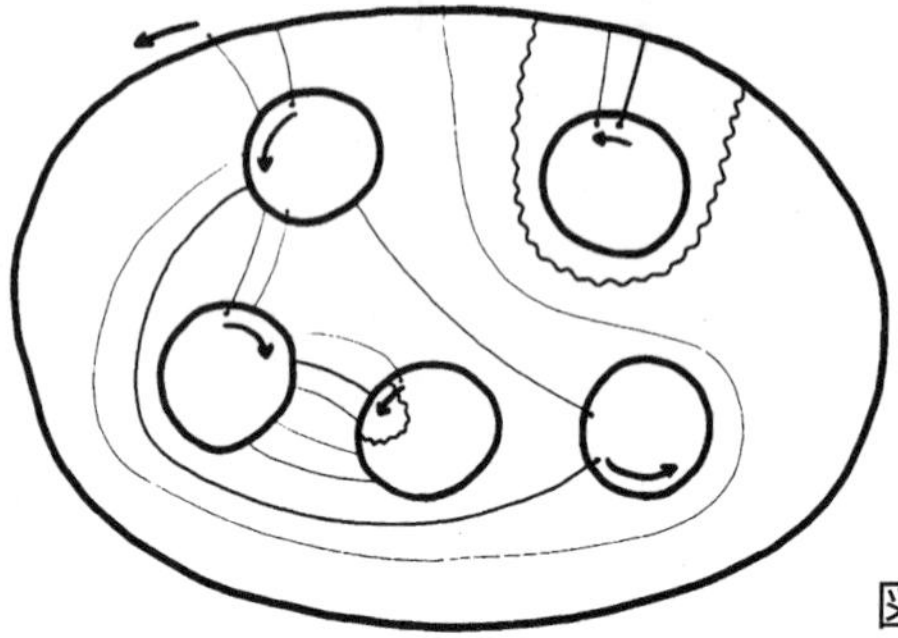

図 4-23

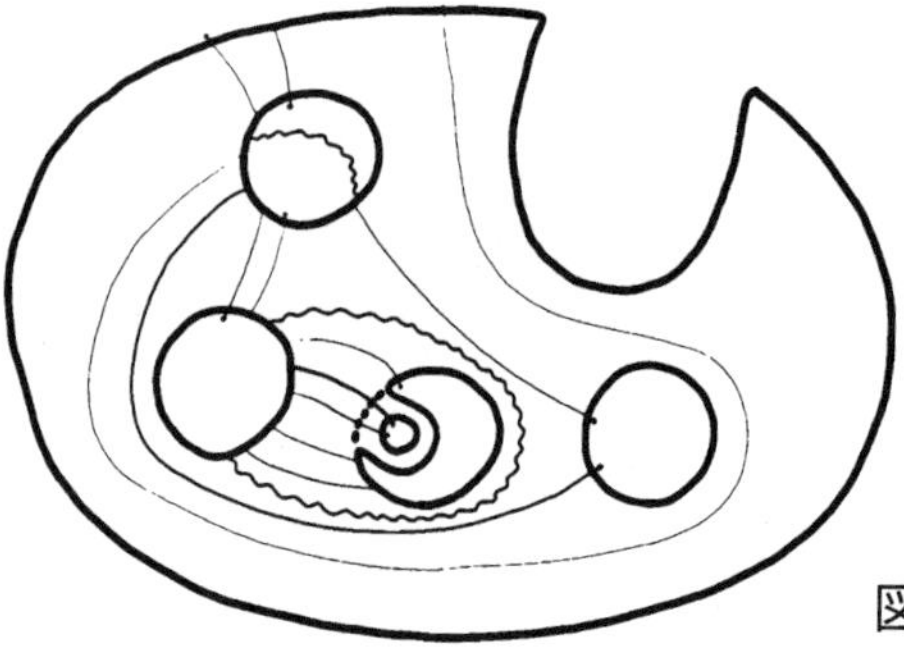

図 4-24

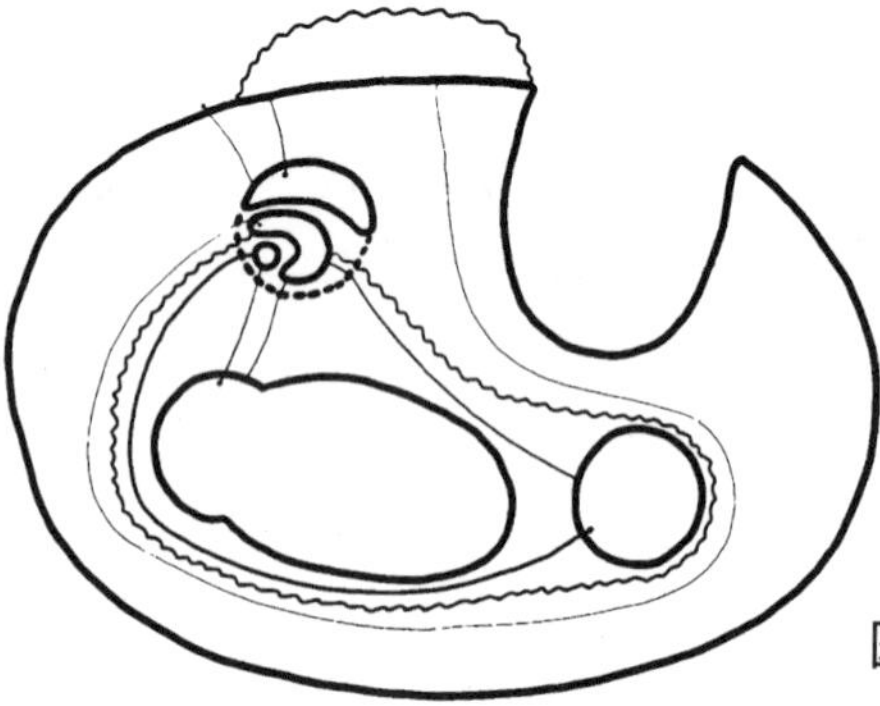

図 4-25

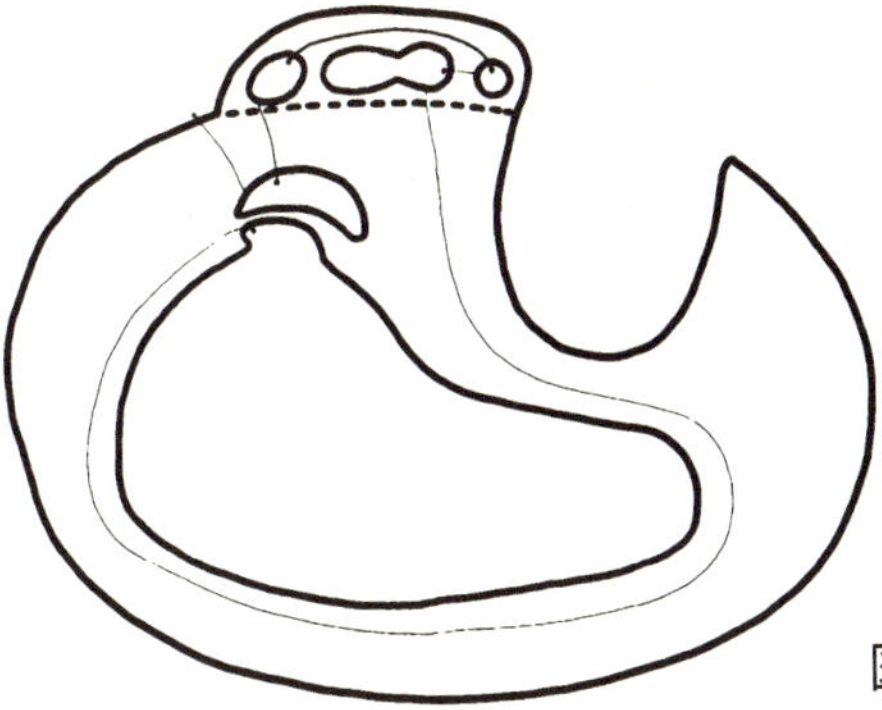

図 4-26

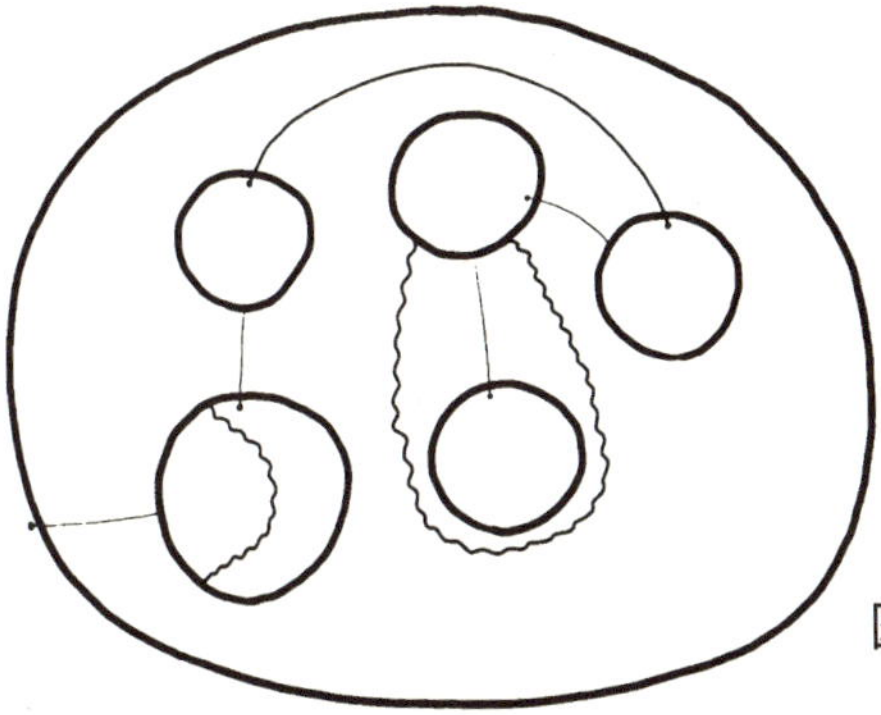

図 4-27

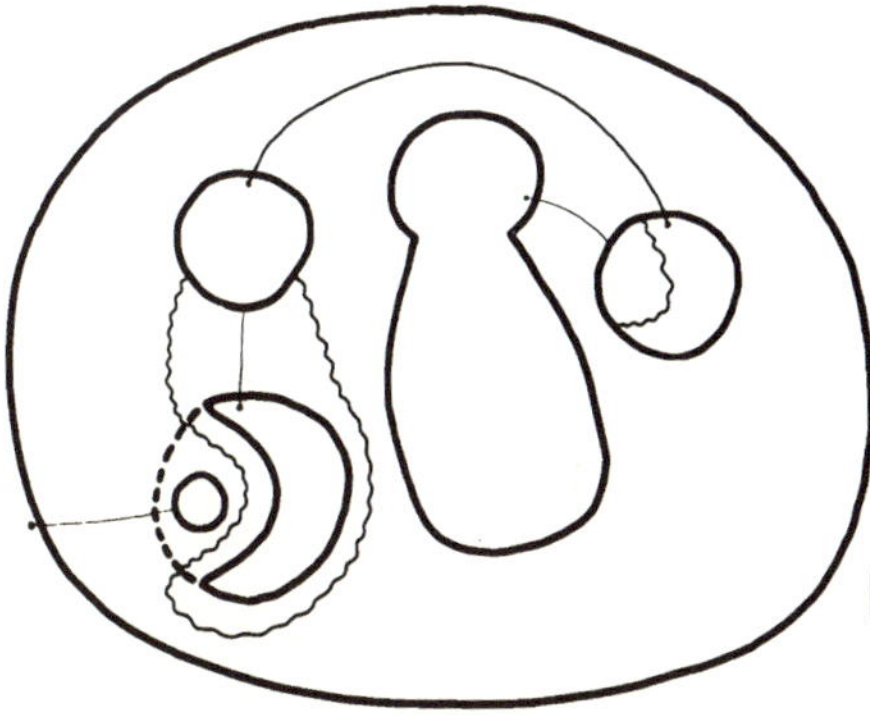

図 4-28

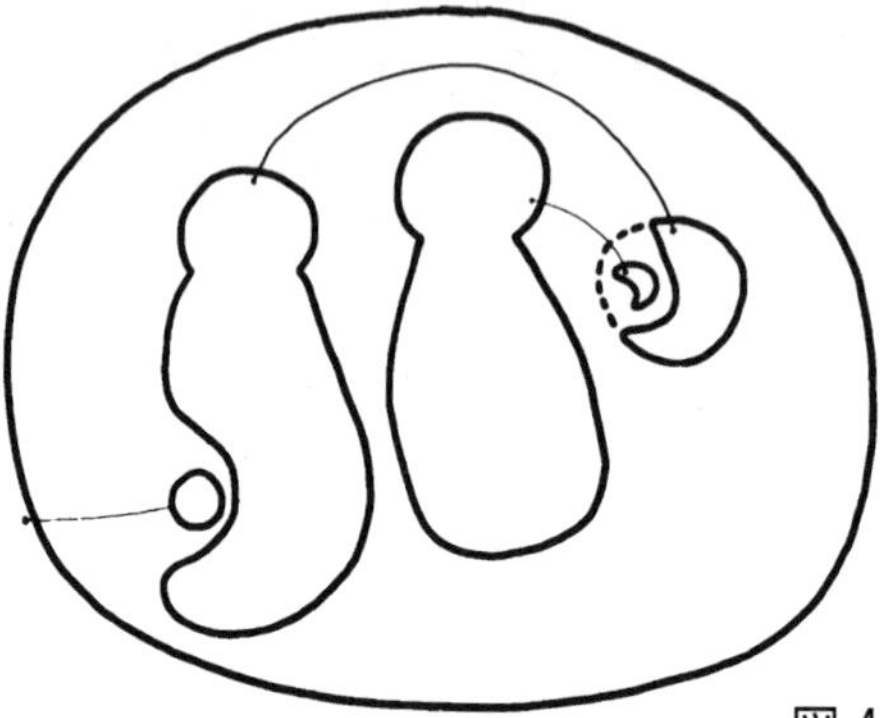

図 4-29

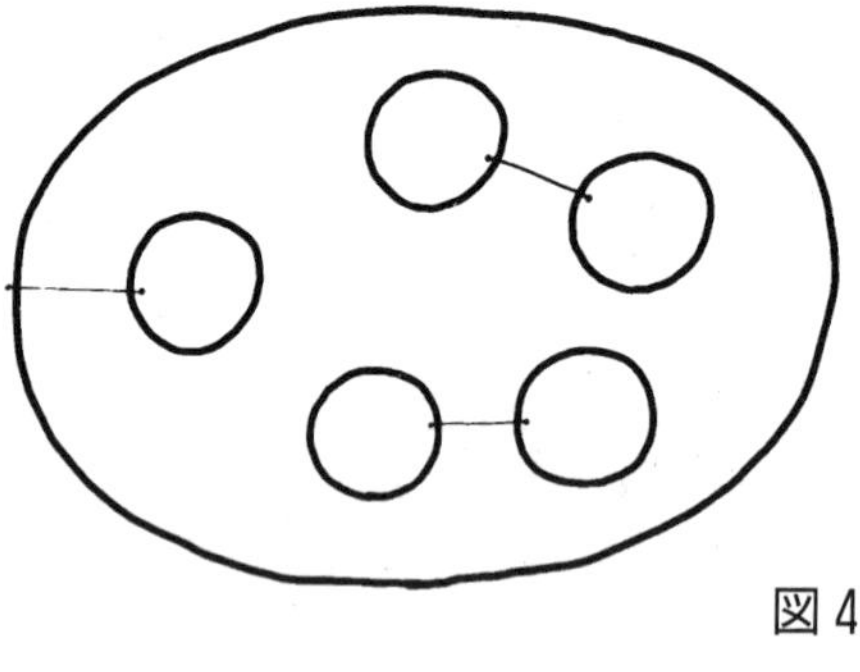

図 4-30

図4-25の切り貼りを行った結果が**図4-26**

図4-27は図4-26を描き直したもの

図4-28の切り貼りとその結果が**図4-29**

図4-29を描き直したものが**図4-30**

図4-30を再び立体の形に描き直して、それぞれの穴を、本来つながっているものどうし結ぶと**口絵4-31**

「君の持っていた多様体は、三次元のスフェアと同相だね」

先輩はあっさりと言ってのけた。弥生は、よくよくがっかりした気持ちを顔色に浮かべたのかもしれない。

「どうして、そんなことが分かるの？」

と息を切らしながら聞いた。

増田先輩は、ちょっと哀れむような微笑を口元に浮かべた。

「だって、切り貼りを繰り返した結果が、どうなったの？」

弥生は、最後の図をしげしげとながめた。

「これは、三次元のスフェアの、ジーナス3の、標準的ヘーガードダイヤグラムだわ！」

「そう。だから、もとの多様体も、『三次元のスフエアに同相』だね」

弥生のがっかりした気持ちは、増田先輩には決して分からないだろう。打ち明けるつもりもない弥生である。

オレンジ色の根付

「あなたが私にくれた多様体は、結局、三次元のスフェアに同相なものだった」

ゼミのある建物を出て行きながら、弥生はつぶやいた。

もしもそれが、三次元のスフェアに同相でなかったとしたら、どうだったろう。

パイワンの消えている多様体で三次元のスフェアに同相でないものが見つかったとしたら……。それはとりもなおさず「ポアンカレの予想」が、否定的に解かれてしまったということを意味する。もしもそうであったとしたら、立花君の名前は、ポアンカレの予想と結びつけられて、永遠に、数学史上に残ることになるのだろう。

それをもらってしまった、弥生のほうも、愉快にもそそっかしい女の子の実例として、数学史の端っこを飾ったかもしれなかった。

しかし弥生はやっぱり、あの日、キャンパスのエノキの木の下で、立花君にもらった多様体は本物だったのではないかと思っている。ポアンカレ予想の反例としては本物ではなかったとしても、弥生の人生にとっては本物の輝きを放つ根付となるべき品物かもしれない。

　実は弥生は、最近、立花君からメールをもらった。留学先の恐るべき寒さのことなどが書いてある。オレンジを空に放りあげると、ガチンといって落ちてくるそうである。マーケットで買った、金色のオレンジの実を、凍った空に次々と放り投げている立花君の姿が見えた。

「部屋に並べて置いて、また、食べます。うまく解凍できて、シャーベット状にまでもどると、おいしい」

　そのメールには「ポアンカレの予想」については、何にも書かれていない。弥生にくれたあの多様体についても、一言も触れられていない。立花君は、早々と、自分自身の作った、あの多様体を卒業してしまったのだろう。それが実は、ポアンカレ予想の反例になどなっていないことを、もっともっと素早く、自分自身の手で検証してしまったに違いない。

　その意味では、あの多様体は、彼にとっては、あまり思い出したくもない記念の品になっているかもしれない。彼にとっては失敗の記録に他ならないからである。しかしひょっとすると、全く、気にしていないかもしれない。その辺がいつも弥生の想像を裏切る、立花君という人のおもしろさでもあり、不可解なところでもある。

　キャンパスの坂の上まで出たら、下の方から、誰かがやってきた。「あら、信ちゃんだわ」と、思うまもなく、弥生は彼が二人連れであることに気づいた。

詮索《せんさく》してはいけない、と思いつつ、弥生は、つい好奇心に満ちた視線をそっちに向けざるを得なかった。従兄の信吾が女の子と歩いているのは、珍しいことだ。

連れの女の子は、星を編み込んだ紺のセーターに、白いレースの襟を出している。レースはわざわざ、アンティークなものを使っているらしい。白糸でほどこした刺繍の部分が、くちなし色に光っている。下は、鉄紺とグレーのチェックのスカートに、黒の編み上げ靴を組ませている。叔母の口調を借りれば「あら、英国調ね」というところだろう。

すれ違うまで、弥生にはその女の子が誰だか分からなかった。信吾にあいさつすべきか、それとも知らん顔してすれ違おうか、そっちのほうにばかり気を取られていたせいもあるのである。すれ違いざまに、女の子は弥生にウインクして見せた。鼻の頭をぴくりと動かす、例のウインクであった。

「マキコ?」

声を出す前に、二人連れは坂を登っていった。

それにしても変わり身の早いマキコである。髪も自然な色に染めて、瞳も黒く染めて、いや、瞳の方は、色つきのコンタクトレンズを外しただけのことかもしれない。化粧も変えたのか、素顔のような感じであったが、マキコのもともとの肌の色となると、そこまでは弥生にも分からない。

もうじき、学年末の休暇がやってくる。そうしたら弥生は、立花君のいる、カナダ近くの町を訪ねてみようかと思っている。立花君の手紙をもらってから、ずっと考えていた計画が、具体的になって目の前に迫ってきた感じであった。

凍てついたキャンパスで、彼とキャッチボールをしてみたい。ボールはもちろん、オレンジ色の火の玉である。ひょっとするとその表面こそが、立花君の探している特別な多様体に変わって、凍った空から降ってくるかもしれないのである。

それと、出来たら、その大学にいる、数学界の巨人という先生にも会ってみたい。立花君はすでに、この先生のゼミに顔を出している様子である。

業績の上から言っても、風貌の面から言っても、文字通りの「巨人」と伝え聞く人物である。巨体を自転車に託して、キャンパスを行き来する人であるとも聞いている。

氷雪の町に住む、伝説の「巨人」とは……。全く、北欧神話の登場人物を思わせるキャラクターではないだろうか。

あとがきにかえて

ポアンカレ予想に対するハーケンの戦略

第四章の終わり近くで、女子学生弥生は、先輩に対して
「ヘーガード分解された多様体が、球面と同相でないことは、どう確かめればいいのですか」
と聞いている。先輩はこの質問に答えることをせずに、弥生が持ってきた多様体を解明する作業を始めた。弥生の質問は、宙ぶらりんになっている感がある。しかし、弥生が自然に発したこの質問は、ポアンカレ予想を解決する上では、避けて通れない問いである。彼女の問いを一言で言うと「球面の判定」というテーマになる。そこでこの章では、「球面の判定」について、主として「ハーケンの手法」を中心に解説を試みたい。

§1 幾何学における〝同じ〟

図形の分類をしようというのは、幾何学の目標の1つである。この時、何を〝同じ〟と見なして分類するかは、重要なテーマになってくる。

中学校で学んだ三角形の合同条件は

三角形を移動して、重ね合わせることができるとき、2つの三角形は〝同じ〟である

と考えたときの三角形の分類定理である。

また、三角形の相似条件は

三角形を拡大、縮小、移動して、重ね合わせることができるとき、2つの三角形は〝同じ〟である

と考えたときの三角形の分類定理である。

そして、現代の幾何学では、切り離すことなく

図形を拡大したり、縮小したり、移動したり、さらには、曲げたり、伸ばしたりして、重ね合わせることができるとき、

2つの図形は〝同じ〟である

と考えたときの、図形の分類を目指している。図形は、弥生の作ったパン生地のように柔らかなものと考え、図形は変形自在なものであると考える。

2つの図形が〝同じ〟であるとき、位相幾何学では

2つの図形は同相である

という。同相な図形は同じものであると見なして、図形を分類しようというのだ。もちろん、図形はつながっていて、2つに分かれていないものとする。

§2　曲面の分類

3次元多様体を分類する最初の手がかりが、「ポアンカレ予想」であるとも言える。しかし、いきなり3次元多様体の分類を考えるのは難しい。そこで、2次元多様体、すなわち「曲面」の分類について考えてみよう。

三角形を幾つかもってくる。と言っても、無限に多くではなくて、「数えきれる」程度に多くの三角形をもってくる。それらの三角形の辺どうしを貼り合わせて作られる図形を考えることにする。

メチャクチャに貼り合わせたのでは、手の付けようがなくなるから、ある程度、見た目に良いように貼り合わせることにしよう。すなわち、次の3つの規則に従って貼り合わせることにする。

規則1　辺と辺は一部だけを貼り合わせるのではなく、辺と辺の全体を貼り合わせなければならない。すなわち、 のようではなく、 のように貼り合わせる。

規則2　貼り合わせて作られた図形において、各辺には、多くとも2つの三角形しか集まらないようにする。すなわち、のように1つの辺に三角形が3つも集まっていてはいけない。やのように、1つの辺に、1つか2つの三角形しか集まっていないのならばよい。

規則3　貼り合わせて作られた図形において、各頂点に対して、その頂点に集まる三角形を全て集めると、1つの円板と同相でなければならない。すなわち、のような部分が図形の中に現れてはならない。頂点の周りがやのようになっていなければならない。

これら3つの規則を守りながら、三角形の辺どうしを貼り合わせて作られる図形を**曲面**と呼ぶ。

作った曲面に、Fという名前を付けておこう。曲面Fの各点は、「境界の点」と「内部の点」に分けられる。xを曲面Fの点とする。曲面の構成要素である三角形のうち、点xを含んでいるものを全て集めると、1つの円板になっているはずである。

そこで、点xがその円板の端（境界）の点であるとき、点xは曲面Fの**境界の点**であるという。点xが曲面Fの境界の点でないとき、点xは曲面Fの**内部の点**であるという。曲面Fの境界の点を全部集めた集合を、曲面Fの**境界**という。もちろん、Fの境界は幾つかの円から成っている。その円の個数を曲面Fの**境界の個数**という（図1）。

曲面Fは、幾つかの三角形でできていた。このとき、

曲面Fの頂点の個数－曲面Fの辺の個数
　＋曲面Fの三角形の個数

を曲面Fの「オイラー標数」といって、χ（F）で表す。

曲面Fの中に「メビウスの帯」が含まれているとき、曲面Fは向き付け不可能であるという。それに対して、曲面Fの中に「メビウスの帯」が含まれていないときは、曲面Fは向き付け可能であるという。

曲面は、「境界の個数」と「オイラー標数」及び「向き付け可能か不可能か」の情報によって、分類される。すなわち、次の定理が知られている。

定理　2つの曲面FとGが同相である必要十分な条件は次の3つの条件を満たすことである

①曲面Fの境界の個数＝曲面Gの境界の個数

②χ（F）＝χ（G）

③2つの曲面FとGの向き付け可能性が一致する。す

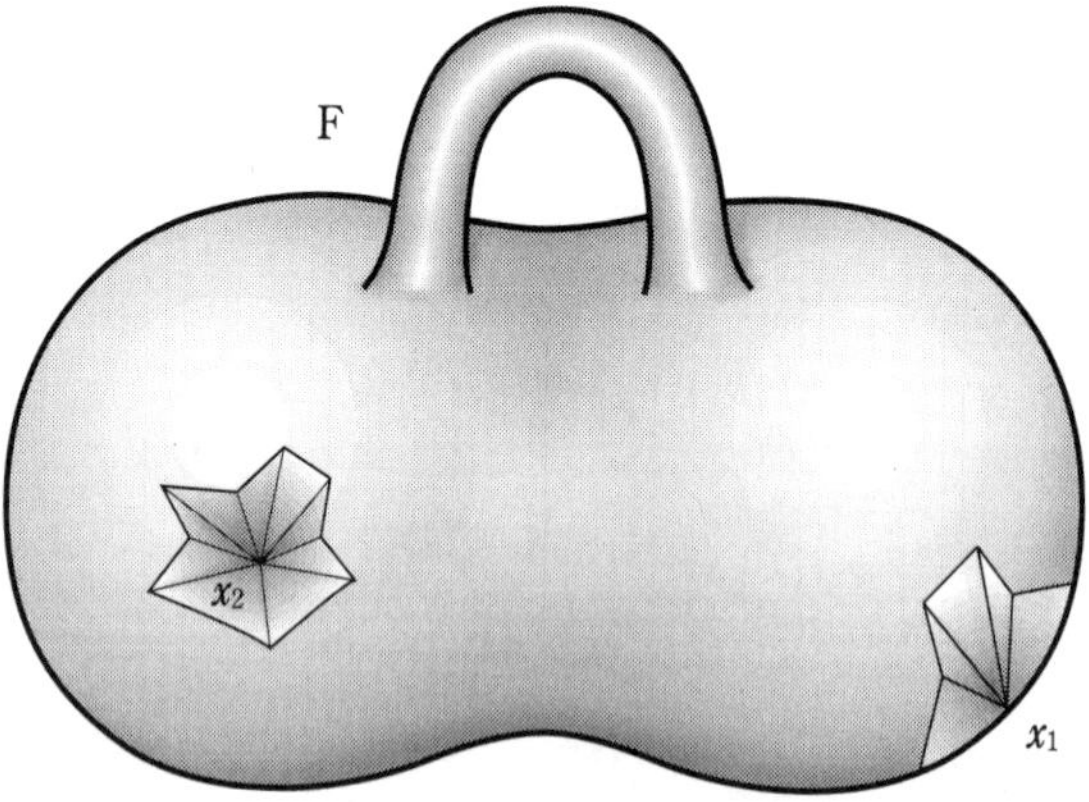

点x_1は曲面Fの境界の点
点x_2は曲面Fの内部の点

図1

なわち、Fが向き付け可能ならば、Gも向き付け可能でなければならないし、Fが向き付け不可能ならば、Gも向き付け不可能でなければならない

かくして、曲面の分類は完了してしまう。

§3　3次元多様体

4面体は表面が4枚の正三角形でできている立体だ。3次元多様体はこの4面体の面どうしを貼り合わせて作られる。曲面のときと同様に次の3つの規則に従って貼り合わせなければならない。

規則1　4面体の面と面は一部だけを貼り合わせるのではなく、面と面の全体を貼り合わせなければならない。

規則2　貼り合わせて作られた図形において、各面には多くとも2つの4面体しか集まらないようにする。

規則3　貼り合わせて作られた図形において、各頂点に対して、その頂点に集まる4面体を全て集めると、球体と同相でなければならない。

4面体は球体と同相である。球体と同相な図形は全て球体と呼ぶことにする。だから、4面体は球体であると言ってもよい。曲面のときと同様に、3次元多様体の各点も次のように「境界の点」と「内部の点」に分けられる。

xを3次元多様体の点とする。3次元多様体の構成要素である4面体のうち、点xを含んでいるものを全て集めると、規則3から、その図形は球体である。点xがその球体の境界の点であるとき、点xは3次元多様体の境界の点であるという。点xが3次元多様体の境界の点でないとき、点xは3次元多様体の内部の点であるという。境界の点を全く持たない3次元多様体

を３次元閉多様体という。

３次元多様体Mのオイラー標数χ(M) はつぎのように定義される。

χ(M)＝Mの頂点の個数－Mの辺の個数＋Mの面の個数
－Mの４面体の個数

しかし、オイラー標数は３次元多様体の分類には、もはや期待は持てない。何故ならレンズ空間のオイラー標数は全て、３次元球面のオイラー標数と同じ、０であるからだ。３次元多様体の分類は、そう簡単ではないということだ。

§４　クネーザーの発見

複雑な機械も、単純な部品に分解して、どの部品と部品がどのように組み合わさっているかを調べれば、もとの機械の構造が分かろうというものだ。

３次元の多様体も、単純な図形に分解し、分解した図形を分類し、名前をつける。それから、それらの単純な図形たちが、お互いにどのように貼り合わさっているかを明記しておけば、もとの多様体の構造が分かるのではないだろうか。

このような見地からすると、まず考えなければならないことは、どのような図形が単純であるのだろうか、ということだ。考えるポイントは２つ。まず第一に、全ての３次元多様体が、それらの単純な図形を貼り合わせて作られなければならないこと。第二には、それらの単純な図形たちが「分類」されなければならないことだ。

どの３次元多様体も、４面体の面と面を貼り合わせて作ることができる。ということは、３次元多様体をあまり細かく分解してしまうと、分解された全ての部分が４面体になってしまうだろう。ここで、わざわざ下線を引いたのには理由がある。そ

の理由はしばらく後に明かすことにしよう。

ヘーガード分解を思い出そう。ヘーガード分解は3次元多様体を1つの曲面で切り開いて、2つの部分に分解しようとしたものだ。そして、切り開いて得られた2つの部分は共に、ハンドルボディであった。

さて、クネーザーは、曲面の中でいちばん単純な球面に目を付けた。たくさんの互いに交わらない球面たちで、3次元多様体を切り開こうというのだ。

3次元多様体の中で最も単純な3次元球面を、1つの(2次元の)球面で切り開くと、2つの(3次元の)ボールに分解する。これは、アレキサンダーによって証明された**3次元シェーンフリーズの定理**と呼ばれている。

ボールの中に、幾つかの球面を互いに交わらないように置く。それらの球面でボールを切り開く。するとボールは幾つかの図形に分解する。分割された各図形は、ボールか、球形のアワが幾つか入っているボールのいずれかになる(**図2**)。ところで、ボールは0個のアワが入っているボールだとも考えられる。これらを総括して「アワの入ったボール」と呼ぶことにする。すると、

互いに交わらない幾つかの球面でボールを切り開くと、幾つかのアワの入ったボールに分解する

と言ってもよいだろう。

いろいろな3次元多様体を幾つかの球面で分解していくうちに、クネーザーは、

各3次元多様体Mに、固有の整数r(M)が存在して、r(M)より多い個数の互いに交わらない球面で、多様体Mを切り開くと、分解された図形の中に、必ず、アワの入ったボールが

現れる

という事実を発見した。1929年のことである。

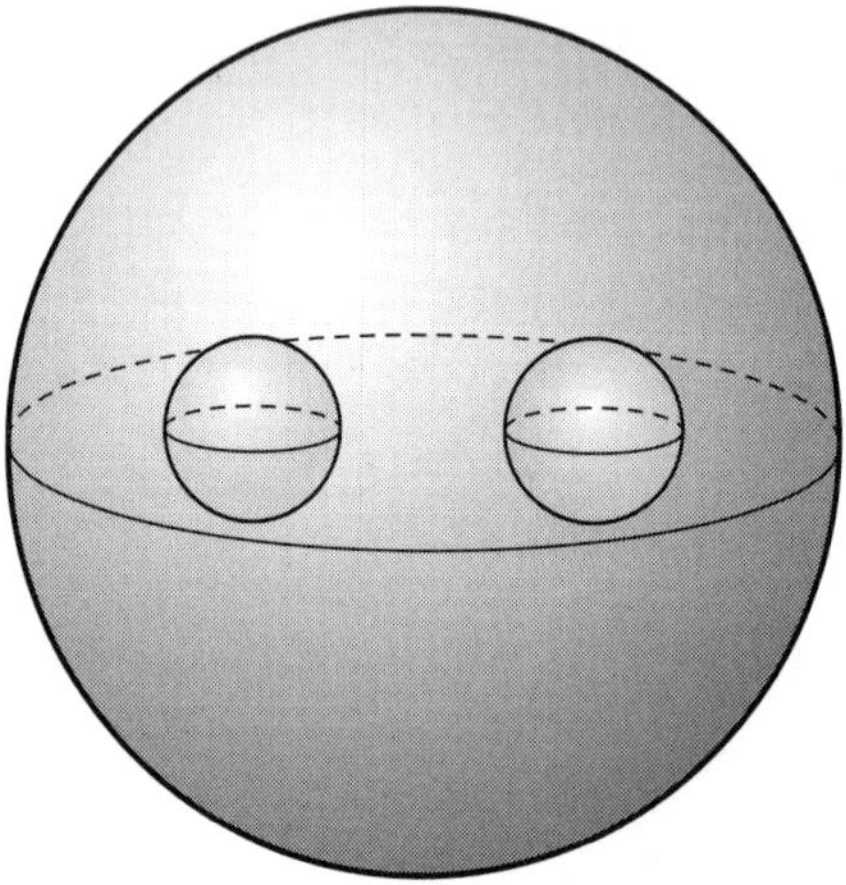

2つのアワが入ったボール

図2

§5　多様体の素因数分解

中学校で素因数分解を習う。10は2×5で、2つの素数2と5に分解する。30は2×3×5であり、40は2^3×5という具合だ。どの自然数も、幾つかの素数の積に一意的に分解する、という事実は誰もが知っている。クネーザーの発見は、3次元閉多様体の素数という概念への道を開くものであった。現在、この3次元閉多様体の素数は、素な多様体と呼ばれている。クネーザーの発見は次のように言い換えられる。

クネーザーの定理

3次元多様体Mの内部に、次の性質Kを満たす、互いに交

わらない「最大個数」の球面たちS_1，S_2，…，S_rの存在が保証される

性質K：多様体Mを互いに交わらない球面たちS_1，S_2，…，S_rで切り開いたとき、分割されたどの図形も、アワの入ったボールではない

3次元多様体に、性質Kを満たすように球面をつぎつぎと置いていくとき、無限に置き続けることはできない。ある数以上は無理であると言っているのである。しかもその数は多様体ごとに決定されてしまうというのである。

3次元閉多様体Mに対して、クネーザーの定理を応用する。S_1，S_2，…，S_rをクネーザーの定理が保証するところの最大個数の球面たちとする。閉多様体Mを、この球面たちで切り開く。すると、閉多様体Mは、幾つかの図形に分解する。

それらの図形に、N_1，N_2，…，N_kという名前を付けることにする。幾つあるか分からないが、全部でk個あったと考えることにしたのだ。各図形の切り口は球面たち、S_1，S_2，…，S_rのどれかである。

この切り口の全てにボールを貼り付けてしまうと、各図形の切り口、すなわち境界がなくなってしまう。言い換えると、k個の3次元閉多様体が得られる。それらの閉多様体に再び名前をつける。M_1，M_2，…，M_kとしよう。各M_iはN_iの境界にボールを貼り付けて蓋をしたものだ。

これらM_1，M_2，…，M_kがいわゆる「3次元閉多様体の素数」にあたるものである。すなわち、M_1，M_2，…，M_kは素な多様体とよばれている。また、整数$r+1-k$はハンドル数と呼ばれている（図3）。

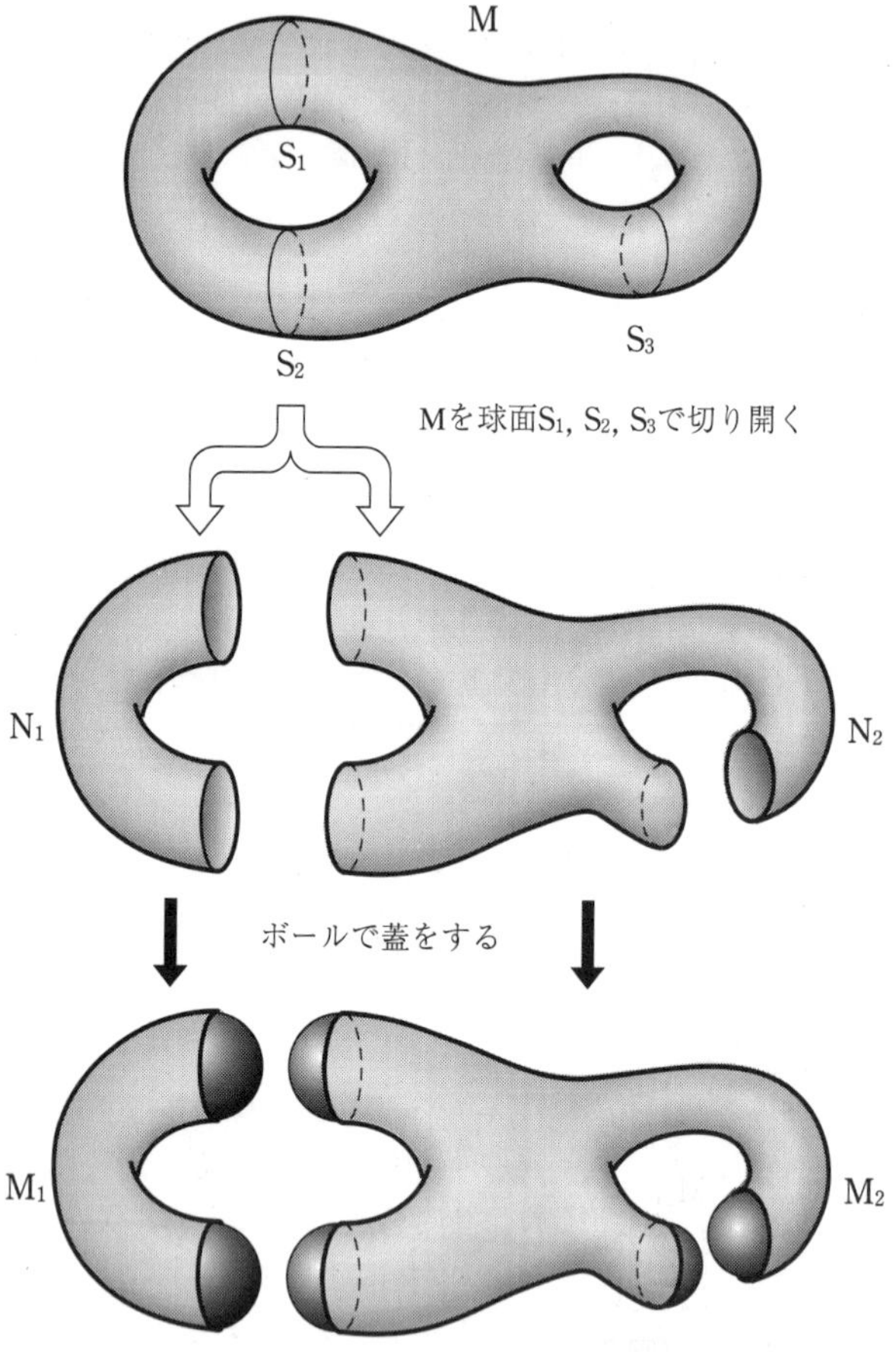

Mのハンドル数=3+1−2=2

注意：曲面のように描いてあるが，3次元の図形と思うこと

図3

クネーザーは、曲面の分類と同じような次の定理を得た。

定理　3次元閉多様体Mは、素な多様体M_1，M_2，…，M_kに分解される。しかも、Mの「向き付け可能か不可能か」の情報と、Mの「ハンドル数」と、M_1，M_2，…，M_kによって完全に分類される

曲面のときと同様に、このクネーザーの定理によって、3次元閉多様体の分類は終わってしまったかのように思える。しかし、

2つの素な多様体がいつ同相になるか

という問題が解決されなければ、3次元多様体の分類は終わったとは言えない。

3次元球面の中には、性質Kを満たすような球面は、1つも置けない。だから、クネーザーの定理の意味で、3次元球面は、素な多様体ということになる。

パイワンの消えた素な多様体は3次元球面か

という問いも、「ポアンカレ予想」そのものなのだ。

§6　素な多様体

3次元多様体の中からオープンボールを幾つか取り除くとき、大きなオープンボールを取り除いても、小さなオープンボールを取り除いても、また、凸凹なオープンボールを取り除いても、同じ多様体が得られる。これは、多様体の中で、取り除くオープンボールを適当に膨らませたり、縮めたり、移動したりすれば、取り除きたいオープンボールを重ね合わすことができるということから証明される（図4）。

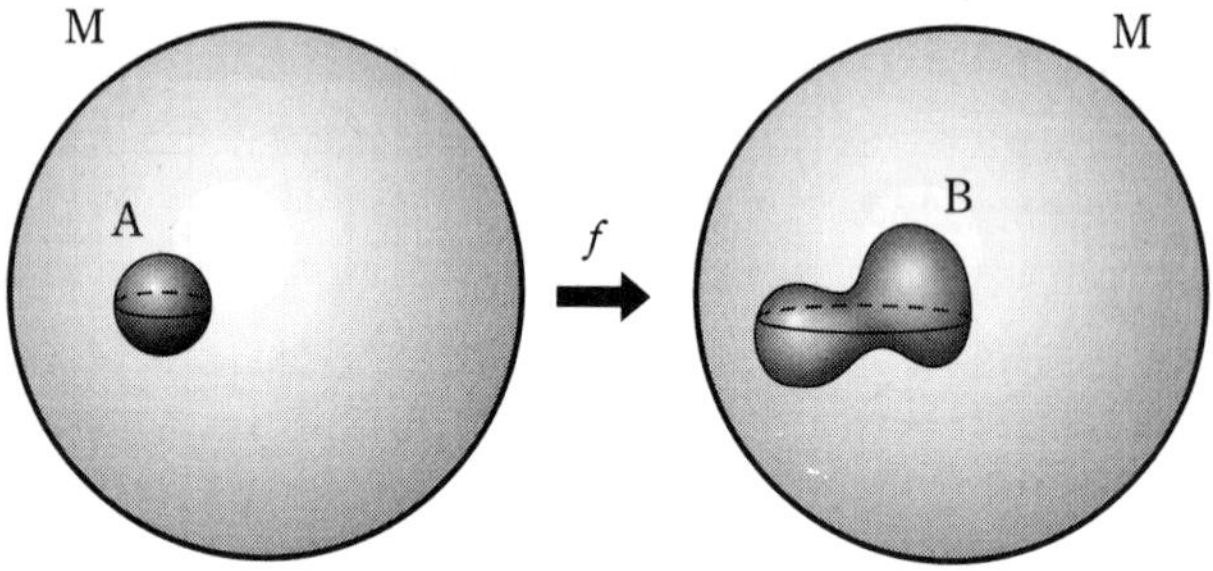

写像fは，ボールAの境界をボールBの境界に写す

図4

上の事実の逆も正しく、つぎのようになる。

定理　2つの3次元閉多様体MとNから、互いに交わらない同数個のボールを取り除いた残りどうしが同相ならば、2つの閉多様体MとNは同相である

この定理はアレキサンダーの手品（第4章　数学者の手品）から導かれる。この定理を用いて、素な多様体が、どのくらい我々の知っている「素数」の概念に近いものであるかということを、少し観察してみよう。

3次元閉多様体Mがある。この多様体を、クネーザーの定理が保証するところの最大個数の球面たちS_1，S_2，…，S_rで切り開いて、N_1，N_2，…，N_kの部分に分かれたとする。分解された各部分N_iの境界を、ボールたちで蓋をする。その結果得られた、3次元閉多様体をM_iとする。

これらの閉多様体の中から勝手に1つ選ぶ。簡単のために、

選んだ閉多様体はM_1であったとしよう。その閉多様体を球面Sで切り開いたら、2つの図形XとYに分解したとしよう。図形XとYの境界は球面であるから、それぞれの境界にボールを貼り付ける。図形XはPになり、図形YはQになったとする。

多様体M_1は図形N_1の境界にボールを貼り付けたものである。貼り付けたボールたちを避けるように、球面Sを少し移動する。すると球面Sは、最初から、図形N_1の境界に貼り付けたボールたちと交わらないと考えてもよいだろう。多様体M_1から、貼り付けたボールたちを取り除けば図形N_1が残る。すなわち、球面Sは図形N_1の中に入っているとしてよいことになる。

また、2つの図形XとYから、N_1に貼り付けたボールたちを取り除いて得られる図形を、それぞれX′とY′とする。図形N_1を球面Sで切り開くとX′とY′に分解するはずである（図5）。

図形N_1は多様体Mの部分であった。そして、（球面SはN_1の境界と交わらないのだから）球面Sはクネーザーの定理の保証するところの最大個数の球面たちS_1，S_2，…，S_rと交わらない。

ここでクネーザーの定理の中の性質Kを思い出そう。多様体Mの中の球面たちS_1，S_2，…，S_rと、Sとを合わせた個数は多様体Mに対する最大個数を超えている。したがって、クネーザーの定理の中の性質Kはもはや満たされない。ということは、多様体Mを球面たちS_1，S_2，…，S_rとSとで切り開いた図形のどれか1つはアワの入ったボールである。それにZという名前をつける。

「多様体Mを球面たちS_1，S_2，…，S_rとSとで切り開く」ということは、「まず、多様体Mを球面たちS_1，S_2，…，S_rで切り開き」それから「さらに球面Sで切り開く」のと同じこ

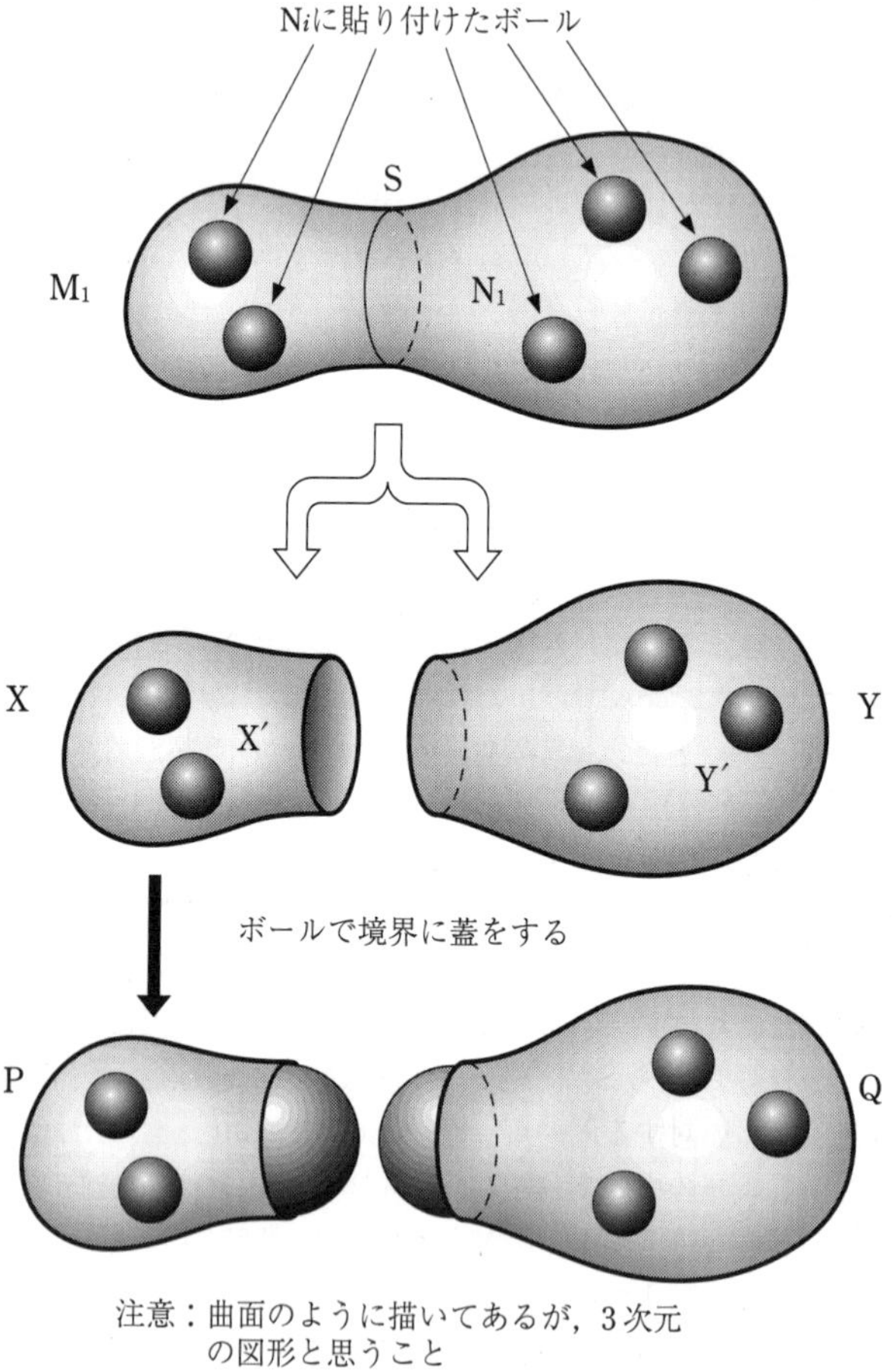
Niに貼り付けたボール
S
M1
N1
X
X′
Y
Y′
ボールで境界に蓋をする
P
Q
注意：曲面のように描いてあるが，3次元
の図形と思うこと

図5

とである。

多様体Mを球面たち「S_1, S_2, …, S_rで切り開く」と図形N_1, N_2, …, N_kに分解した。それを「球面Sで切り開く」のだから、結局、球面Sを含んでいる図形N_1を球面Sで切り開いたことになる。したがって、図形N_1を球面Sで切り開くと2つの図形に分かれ、その一方がZであったということになる。

図形N_1を球面Sで切り開いたらX'とY'に分かれたのだから、図形ZはX'かY'のどちらかである。

そこで図形Zが、図形X'であったとしよう。すなわち、図形X'はアワの入ったボールであったことになる。図形Xは図形X'のSを除く全ての境界にボールを貼り付けて得られたものであった。さらに、多様体Pは、図形Xの境界Sにボールを貼り付けて得られる。だから、多様体Pはアワの入ったボールX'の全ての境界にボールを貼り付けて得られた図形である。

ところが、アワの入ったボールの全ての境界にボールを貼り付けて得られた図形は3次元球面しかないことがアレキサンダーの手品から簡単に証明される。すなわち、多様体Pは3次元球面であった。

観察はまだ続く。図形Xにボールを貼り付けて得られたのが多様体Pであった。そして多様体Pは球面であった。だから、図形Xは球面Pからボールを取り除いて得られたものである。すると3次元シェーンフリーズの定理（3次元球面を球面で切り開くと2つのボールに分解する）から、図形Xはボールということになる。

多様体Qは、図形Yの1つの境界（それは球面Sであった）にボールを貼り付けて得られた。多様体M_1を球面Sで切り開くと図形XとYにわかれ、図形Xはボールであった。だから、多様体M_1も図形YにボールXを貼り付けて得られることにな

る。

多様体QもM_1のどちらも、図形Yに1つのボールを貼り付けて得られたのだから、アレキサンダーの手品（この節の最初の定理）により、多様体QとM_1は同相である。結局、図形ZがX′である場合は、

多様体Pが3次元球面に同相であり、多様体Qが多様体M_1に同相である

ことが結論付けられる。

図形ZがY′であった場合は、同様の議論をすると、多様体Pが、多様体M_1に同相になり、多様体Qが、3次元球面に同相になることが示される。したがって、

素な多様体を球面で2つの多様体に分割すると、1つは3次元球面に同相であり、残りの1つは、初めの素な多様体に同相となる

という性質が得られる。すなわち、

（球面を1だと思うと）素な多様体を球面で（素因数）分解しても（1と同じ）球面と、もとの多様体にしか分解しない

ということが分かった。そして、（証明は大変であるが）その分解の仕方も素因数分解のときと同様に一意的であることも示されている。

§7 ハーケンの戦略

ハーケン教授の第一印象は、四角い顔で、太い眉毛で、厚い胸の、タンク（戦車）のような数学者であった。少し、かん高い声でしゃべる。その声で、着実に一歩一歩、講義を進めていく。少しドイツなまりのある英語ではあったが、英語が得意と

は言えない私にも十分理解できた。

教授の講義は、いつも、「場合分け」に明け暮れた。今日、10の場合分けをする。つぎの回から、その場合分けについて、1つずつ証明していく。その各場合はさらに、5～6の場合に分けられる。その分けられたおのおのが、再度、幾つかの場合に分けられる。

学生が質問をすると、質問をされたその部分が、さらに場合分けをされていくのが常であった。結局、場合分けは、50～60から時には100を超えてしまう。そしてセメスターの終了時に、教授の新しい論文が出来上がり、学生達に配布されてクラスが終わる。

「場合分けで証明ができてしまうなら、それが一番である」

はハーケンの口癖であった。ハーケンは、歴史的な難問であった「4色問題」を、アッペル、ブーンらと共に解決した。私はイリノイ大学講堂での記念講演会に、学生として居合わせた。その場合分けは、数十億にも及んだという。思えば、ハーケンの口癖が、あの世紀の難問を解決させたのだ。

1961年、ハーケンは「ノーマルな曲面の理論」を発表した。3次元多様体は、もとはと言えば、4面体の面と面とを貼り合わせて構成されているのである。であるから、構成要素である「4面体の情報」を使わない手はないではないか。

クネーザーの発見の所で、わざわざ下線を引いた理由がここにある。原点に戻って、考え直そうというのである。ハーケンは、曲面と、構成要素の4面体との交わりから、3次元多様体にひそむ曲面の情報を得ようとした。

3次元多様体を分解するのに、曲面で切り開いていく方法を用いるのならば、3次元多様体のなかにひそむ曲面をこそ、捕まえなければならない。「曲面を捕まえ易い状態」がノーマルな曲面というわけだ。

3次元多様体の中の曲面を考える。その曲面と多様体の構成要素である4面体との交わりが、三角形か四角形のみであるとき、その曲面は3次元多様体の中の「ノーマルな曲面」であるという（図6）。

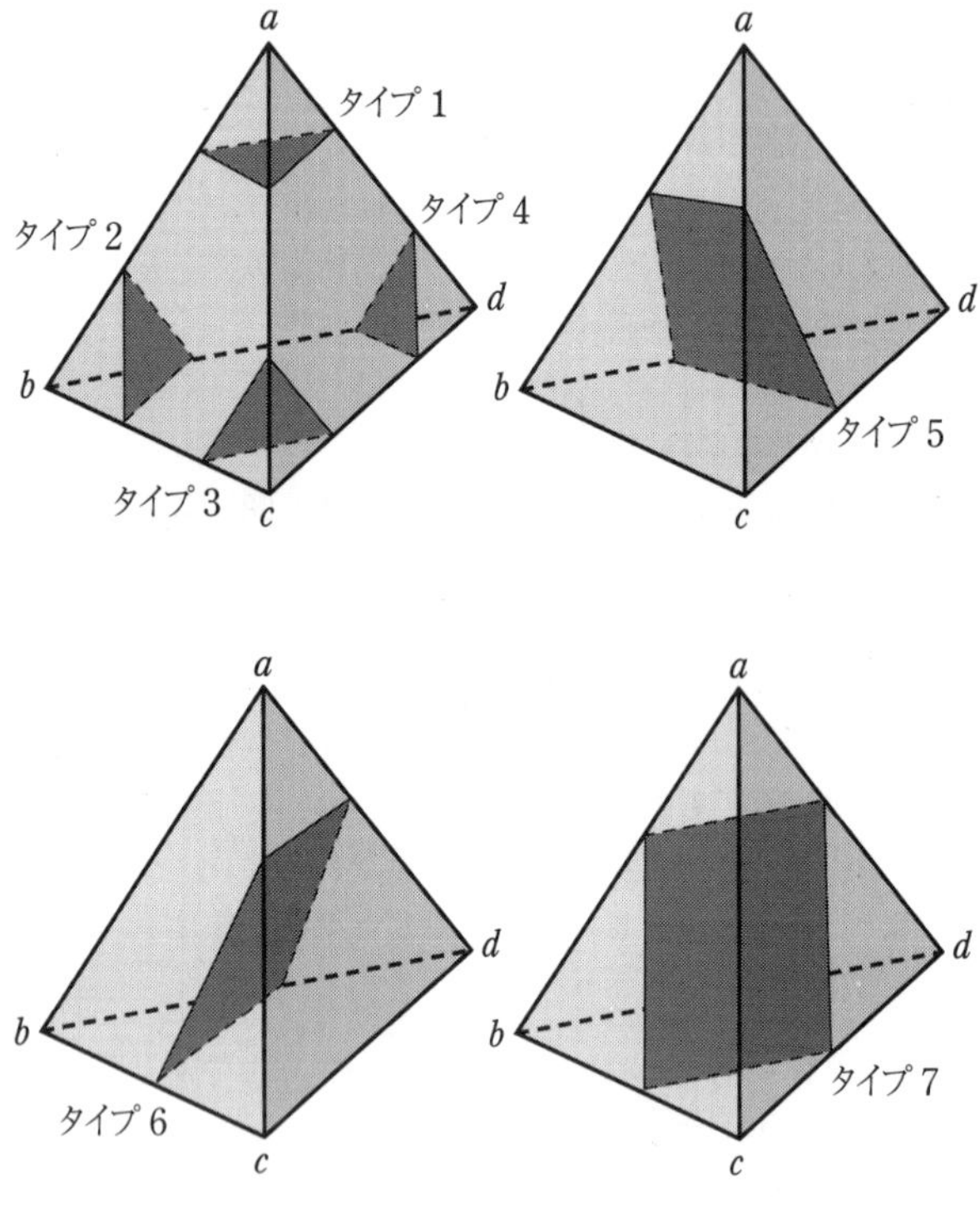

4面体とノーマルな曲面の交わり方は
全部で7種類ある

図6

「与えられた3次元多様体が、球面に同相であるか否かの判定方法」は、ポアンカレ予想を証明するにも、反例を挙げるにも不可欠である。さらに、「与えられた2つの3次元多様体が、同相であるか否かの判定方法」を得られれば、それはある意味で、3次元多様体の分類が完了した、と言っても良いのではないだろうか。

そもそも、分類定理とは、与えられた2つの対象が同じであるか同じでないかを判定するためのものである。ハーケンは、3次元球面を判定する道具をパイワンに求めずに、インコンプレッシブルな曲面という概念を用いて、球面の判定をするアルゴリズムへと向かった。

§8 明らかでないハンドル

クネーザーは、3次元多様体を球面で切り開いた。球面は、曲面の中で最も単純である。誰もがそう感じる。では、どんな意味で最も単純なのだろうか。

ジーナスnのトーラスは、球面より何が複雑かと言えば……、そう、ジーナスnのトーラスは球面にn個のハンドルを取り付けて得られる図形である。球面にはハンドルがない！

しかし、ここで位相幾何学の本質を思い出そう。位相幾何学の位相とはどのような意味であったろうか？　第2章の位置と形相の節を見直してみよう。

> 位置とは、ある図形の他の図形への入り方であり、形相とは、図形本来の持つ性質

であった。

「球面がハンドルを持たない」という性質は、球面本来が持っている性質であるから、球面の形相である。

しかし、よく考えてみると、クネーザーの球面たちは、3次

元多様体の中に位置する。だとすると、３次元多様体を分解するとき、分解するための曲面の形相にこだわらないで、曲面の位置に注目すべきではないだろうか。位置を中心にハンドルという概念を考え直すと、どうなるだろうか。

３次元多様体Ｍの中の曲面Ｆを考えてみよう。曲面Ｆにハンドルを１つ取り付けたい。とにかく、良く解らないほど複雑なハンドルを取り付けたい。「どれくらい？」と聞かれても、「明らかでない」くらい複雑なハンドルを。
「それでは説明になっていない！」と怒られそう。だが、「明らかなハンドル」を解明すれば、「明らかでないハンドル」もそれなりに納得がいくにちがいない。

３次元多様体の中の、曲面Ｆに取り付けたハンドルが、どのようなものなのかすぐに解るならば、そのハンドルは我々にとって明らかなハンドルと考えるのはどうだろうか。

例えば

①小さなボールＢの中で、曲面Ｆに取り付けたハンドル

②２つの端点が曲面Ｆ上にある曲線、に沿って取り付けたハンドル

というように説明されるハンドルは「ああ、あれだな」とすぐに解るから、「明らかなハンドル」とみなす（図７）。

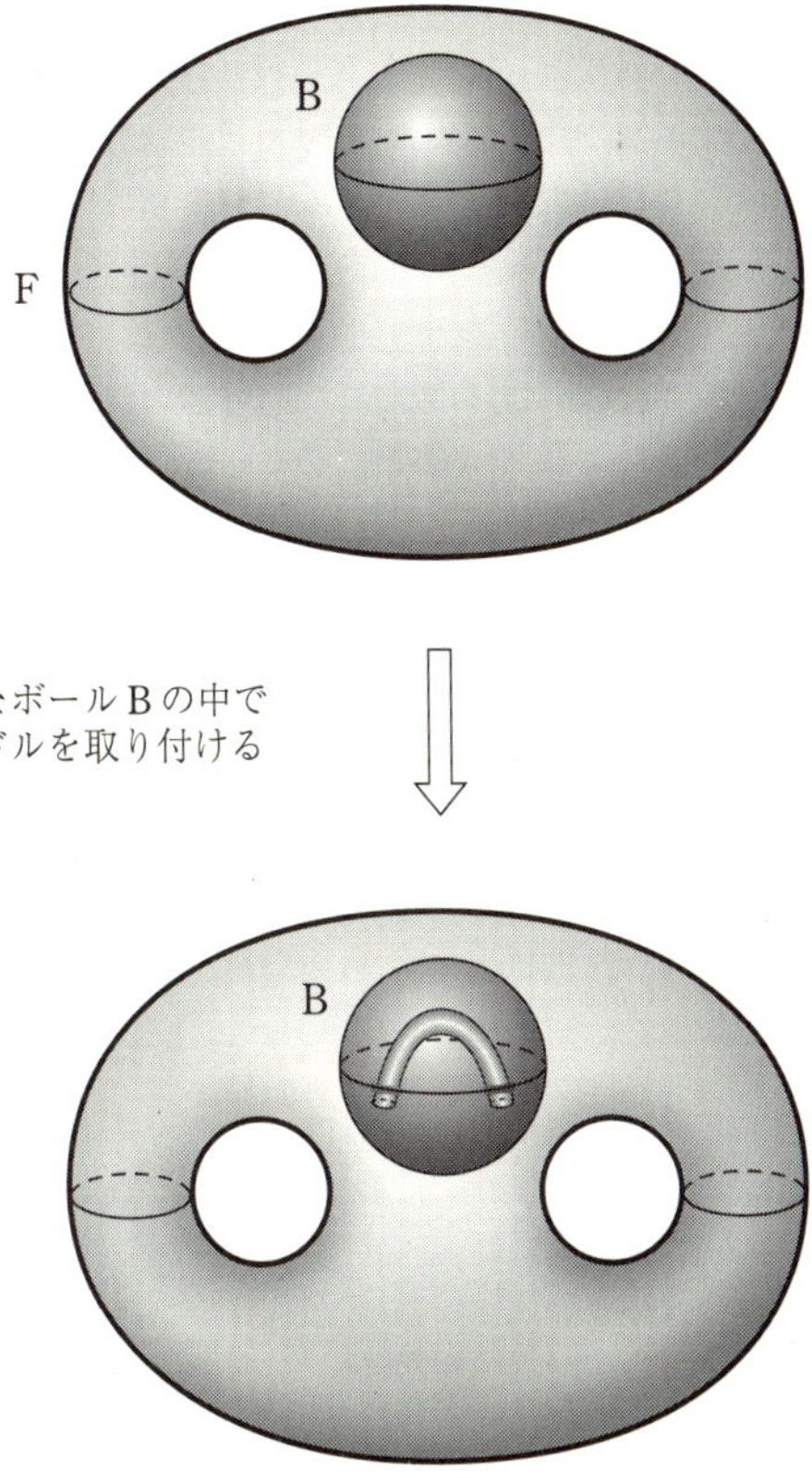
B
F
小さなボールBの中で
ハンドルを取り付ける
B

図7

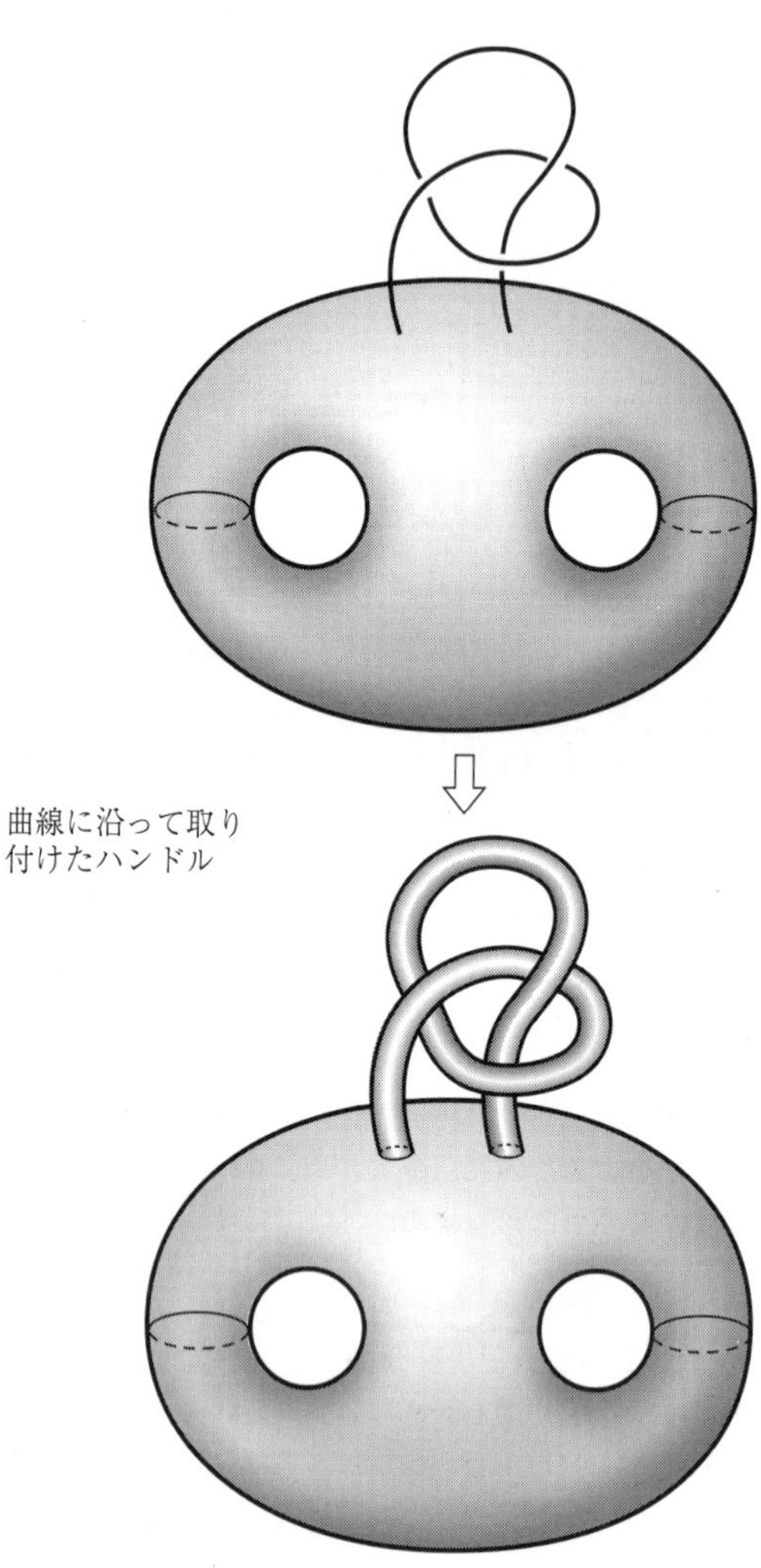
曲線に沿って取り付けたハンドル

曲面Ｆにハンドルを取り付け、ハンドルの中身を取り除くと、新しい曲面が得られる。それにＧという名前を付けることにしよう。

①のボールＢの中で、曲面に取り付けられたハンドルに対しては、ある特徴的な円Ｃが、取り付けたハンドル上に存在することが知られている。すなわち

その円Ｃに対して、ハンドルを取り付けた新しい曲面Ｇとの共通部分が、円Ｃのみである円板Ｄが、ボールＢの中に存在する。しかし曲面Ｇ上のどの円板も、その境界が円Ｃとはなれない

のだ。この事実は「フォックスの定理」として知られている。結び目理論の研究で有名な数学者、フォックスが発見した定理である。

②の２つの端点が、曲面Ｆ上にある曲線に沿って取り付けたハンドルに対しても、新しい曲面Ｇに上のような円Ｃが（取り付けたハンドル上に）存在する。

以上のことから、３次元多様体Ｍの中の曲面Ｆが明らかなハンドルを持つということを数学的に言うと、曲面Ｆの中に、次の性質Ｈを持つ円Ｃが存在するということになる。

性質Ｈ：曲面Ｆ上のどの円板も、その境界は円Ｃではないが、曲面Ｆとの共通部分が円Ｃのみである円板が、多様体Ｍの中に存在する

§9　インコンプレッシブルな曲面

３次元多様体を切り開くための曲面で、クネーザーの球面に相当する曲面は、明らかなハンドルを持たない曲面である。そのような曲面を、与えられた多様体の中でインコンプレッシブルな曲面と言う。インコンプレッシブルな曲面の定義は、上の

性質Hを否定すればよい。

3次元多様体Mの中の曲面Fが、次の性質Ｉを満たすとき、曲面Fは多様体Mの中でインコンプレッシブルであると言う。

性質Ｉ：曲面Ｆ上の円Ｃに対して、曲面Ｆとの共通部分が、円Ｃのみであるような円板が、多様体Ｍの中に存在するならば、曲面Ｆの上に、境界がちょうどＣとなる円板を見つけられる

ハーケンは、なぜインコンプレッシブルな曲面にこだわったのだろうか。クネーザーの発見から、素な多様体が得られた。この素な多様体は、もはや球面で切り開いても、何も有効な情報を得られない。素な多様体を球面で切り開いて、この多様体を2つに分けても、一方はボールしか得られないし、残りの部分にボールで蓋をすると、また元の多様体に同相な多様体が得られるだけのことだ。

もうこれ以上分解出来ないと信じていた原子核が、陽子や中性子に分解されるように、インコンプレッシブルな曲面を用いて切り開けば、素な多様体も、さらに分解することが出来るのではないだろうか。

さらに、3次元球面は素な多様体であるが、フォックスの定理により、

3次元球面は、インコンプレッシブルな曲面を含まない

ということが分かる。ということは、裏を返せば、

インコンプレッシブルな曲面を含む3次元多様体は、3次元球面ではない

ということにもなる。3次元多様体が、どんな時に、インコンプレッシブルな曲面を含むか、という判定方法の確立が重要で

あることが分かる。

3次元多様体の中のどのような球面も、必ずその多様体の中のボールの境界になっているとき、3次元多様体はイレデューシブルであるといわれる。既によく知られている幾つかの素な多様体を除くと、素な多様体はみなイレデューシブルである。

1961年ハーケンは、「ノーマルな曲面の理論」を用いて、クネーザーの定理を、イレデューシブルな多様体の中の、インコンプレッシブルな曲面たちへの拡張に成功した。ハーケンの定理は、次のように述べられる。

定理　各イレデューシブルな多様体Mに、固有な整数r(M)が存在して、r(M)より多い個数の、互いに交わらないインコンプレッシブルな曲面たちで多様体Mを切り開くと、必ず分割された図形の中に、ある曲面を厚み付けしただけの図形が現れる

ハーケンは続いて、イレデューシブルな多様体の中の、インコンプレッシブルな曲面を探すアルゴリズムを作ることに成功した。アルゴリズムとは幾つかの手順を何度も繰り返して解を得る手法を言う。

§10　球面判定のアルゴリズム

小学校で、2つの自然数の最大公約数を習ったと思う。例えば、72と300の最大公約数は、

$$72 = 2^3 \times 3^2, \qquad 300 = 2^2 \times 3 \times 5^2$$

であるから、$2^2 \times 3 = 12$ である。

しかし、66167と77089の最大公約数を求めようとすると、小学校で習った手法では、なかなか解けないことにすぐ気が付く。66167を素因数分解しようとしてもなかなかできない。そ

れでは……、と大きい方の77089を素因数分解しようとしても、これまた、なかなかできない。計算力のなさのためではない。

この問題は「ユークリッドの互除法」というアルゴリズムを使うと、引き算とかけ算を知っている人なら、誰でもすぐに解ける。ユークリッドの互除法は次の簡単な定理が土台になっている。

定理　nを任意の整数とする。2つの整数aとbに対して
　　aとbの最大公約数＝aと（b－n×a）の最大公約数
　が成り立つ

aとbの最大公約数を（a, b）と書くことにする。するとこの定理は

$$(a,\ b) = (a,\ b - n \times a) = (a - n \times b,\ b)$$

と書ける。これを用いると

(66167, 77089)
　＝(66167, 10922)　なぜなら　77089÷66167＝1　あまり　10922
　＝(635, 10922)　なぜなら　66167÷10922＝6　あまり　635
　＝(635, 127)　なぜなら　10922÷635＝17　あまり　127
　＝127

となる。よって、66167と77089の最大公約数は127である。

事実、

$$66167 = 127 \times 521, \quad 77089 = 127 \times 607$$

と素因数分解される。

このように、ユークリッドの互除法は2つの自然数の組を、「大きい数字を小さい数字で割った余り」と「小さい数字」の

組に次々と置き換えていく、という手順を繰り返して、最大公約数を求める手法である。各組の2つの数字の和は、だんだん小さくなっていくから、この手順はいつか必ず終わる。それゆえアルゴリズムである。

話を、ハーケンの「イレデューシブルな多様体の中のインコンプレッシブルな曲面を探すアルゴリズム」に戻そう。

残念ながら、ハーケンのアルゴリズムは、ステップ数（繰り返す回数）の上限が決定されていなかった。1982年になって、ジェイコとオーテルによって、ステップ数の上限を持つアルゴリズムが考案された。

多様体Mの中に、インコンプレッシブルで、向き付け可能な曲面が存在するとき、多様体Mは、**ハーケン多様体**と呼ばれる。ハーケンの「インコンプレッシブルな曲面を探す仕事」に敬意を表して付けられた名前である。

ヘミヨンの1979年の「曲面上の同相写像の作る群」に関する仕事と、インコンプレッシブルな曲面を探すアルゴリズムとが結合して、与えられた、2つのイレデューシブルなハーケン多様体が、同相であるか否かを判定するアルゴリズムが得られた。

そして、1994年に、ルビンシュタインとトンプソンの二人が独立に、与えられた多様体が、3次元球面であるか否かを判定するアルゴリズムを得た（現実には、トンプソンが1992年に、球面判定のアルゴリズムを、ルビンシュタインから聞いているので、ルビンシュタインが先かもしれない）。

ルビンシュタインは、ノーマルな曲面の理論と、極小曲面の理論を用いた。トンプソンは、ノーマルな曲面の理論と、結び目理論のシンポジション、という概念を用いた。どちらも、ハーケンが、1994年夏の、マックス・ニューマンセミナーで、それらの論文の真偽のチェックをおこない、「正しい」という

お墨付きを与えた。幸運にも私は、その場に居合わせる機会に恵まれた（**写真1**）。

写真1　1994年　夏のマックス・ニューマンセミナーでトンプソンの論文のチェックをしている時の様子
右からハーケン，私，アメリカまで同行したゼミ生の荒川君

球面の判定のアルゴリズムを紹介する前に、アルゴリズムの中で使われる言葉を、一つ定義しておこう。

多様体Mの中の、曲面Fが、多様体Mの構成要素である4面体たちと、三角形か、四角形でのみ交わっているとき、「この曲面Fは、多様体Mでノーマルである」と言われた。すなわち「曲面Fが、多様体Mでノーマルである」とは、構成要素の4面体たちとの交わりから得られる図形が、三角形か、四角形のみである、ということである。もし、曲面Fと構成要素の4面体たちとの交わりから得られる図形の中に、折れ曲がった八角形がただ1つだけあり、その他の図形はすべて、三角形か四角形のみであるとき、曲面Fは、**オールモストノーマル**（「ほと

んどノーマル」という意味）であるという（図８）。
さて、球面判定のアルゴリズムは、次のように進む。

３次元多様体Mが与えられたとする。
ステップ１　ハーケン、ジェイコ、オーテルらのアルゴリズムを用いて、多様体Mの中で、「最大個数」の互いに交わらない、ノーマルな球面たちを探す。
ステップ２　多様体Mをその球面たちで切り開く。その結果、多様体Mが、図形N_1，N_2，…，N_kに分解したとする。
各図形N_iは、次の２つの種類に分けられる。
タイプ１　境界が、ただ１つの球面である。
タイプ２　境界が、２つ以上の球面から成る。

定理A　タイプ１の図形が、ボールである必要十分な条件は、図形がオールモストノーマルな球面を含むことである
定理B　タイプ２の図形は、アワの入ったボールである

ステップ３（タイプ１の図形が全てボールならば、多様体Mは３次元球面であり、逆に、Mが３次元球面ならば、３次元シェーンフリーズの定理により、タイプ１の図形は全て、ボールであるはずだから）オールモストノーマルな球面を探すアルゴリズムを用いて、タイプ１の図形の中で、オールモストノーマルな球面を探す。[注]

もし、全ての、タイプ１の図形の中に、オールモストノーマルな球面を探すことが出来たら、多様体Mは、３次元球面である。
もし、タイプ１の図形のどれか１つでも、オー

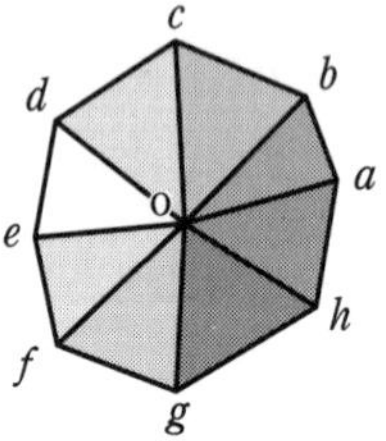

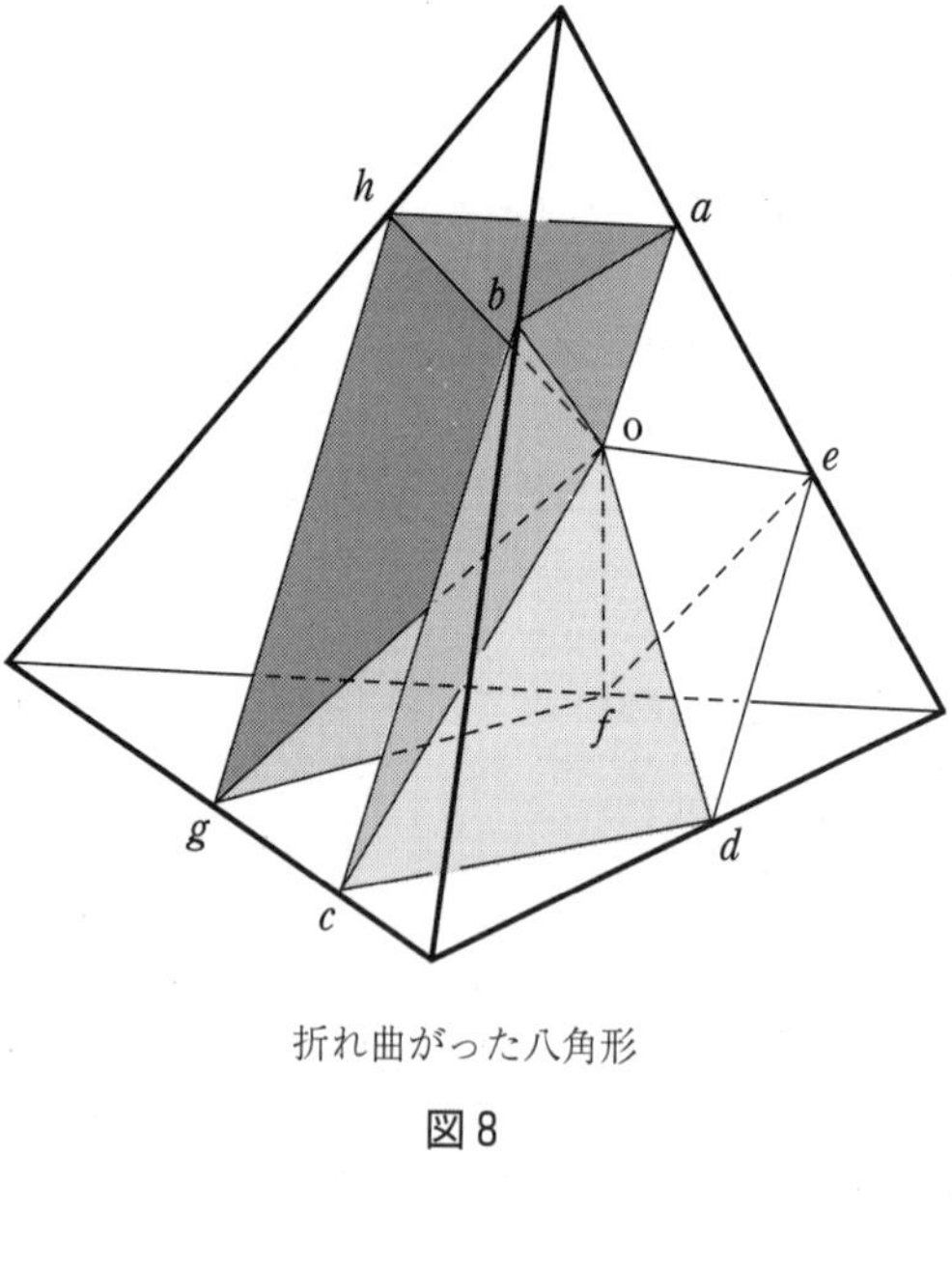

折れ曲がった八角形

図 8

ルモストノーマルな球面を探すことが出来なかったら、多様体Mは、3次元球面ではない。

注）：オールモストノーマルな球面を探すアルゴリズムは、ハーケンの作ったアルゴリズムを少し変形して得られる。ルビンシュタイン、トンプソンの二人は、それぞれ、オールモストノーマルな球面を探すアルゴリズムを、ノーマルな曲面の理論を用いて、構成した。

ルビンシュタインは、ハーケンも、球面判定のプログラムを持っていたと、彼の論文で述べている。
「球面判定のアルゴリズムを得た」ということは、3次元多様体を持ってきたら、「これは3次元球面です」または「これは3次元球面ではありません」とはっきりと断言できるということである。

ポアンカレ予想の場合は、どうであろうか。3次元多様体を持ってきたら、まずパイワンを計算しなさい、そうして、そのパイワンが消えていたら、「これは球面です」と言い、もし消えていなければ、「これは球面ではありません」と結論を下そうというのである。

しかし、パイワンはくせ者である。「パイワンが消えているか」という「判定問題」は、一般的には解くことができないという事実が、1958年のマルコフの結果から証明されている。

ということは、球面を判定するアルゴリズムを作るというハーケンの方向の方が「幾何学の流れ」にそくしている。というのは、「補助線をどうやって探そうか」という、幾何学固有の探求方法の延長上にあると考えられるからである。インコンプレッシブルな曲面を探すという作業が、とりもなおさず補助線を探すという作業につながっているからである。

ハーケンが描いた結末は、ある意味で、ポアンカレを超えたのではないだろうか。

W. Haken, Theorie der Normalflächen, Acta Math. 105 (1961), 245-375.

W. Haken, Some results on surfaces in 3-manifolds, Studies in Modern Topology, no.5, Math. Assoc. Amer. (P. J. Hilton, ed) (1968), 39-98.

G. Hemion, On the classification of homeomorphisms of 2-manifolds and the classification of 3-manifolds, Acta Math. 142 (1979), 123-155.

H. Kneser, Geschlossene Flächen in dreidimensionalen Mannigfaltigkeiten, Jber. D.M.V., 38 (1929), 248-260.

J. H. Rubinstein, Polyhedral minimal surfaces, Heegaard splittings and decision problems for 3-dimensional manifolds, AMS/IP Studies in Advanced Math. vol 2 (1997) Part 1, 1-20.

J. H. Rubinstein, An algorithm to recognize the 3-sphere, Proceedings of the International Congress of Mathematician, Zürich, Switzerland 1994, 601-611.

M. Sharlemann and A. Thompson, Thin position and Heegaard splittings of the 3-sphere, J. Differential Topology 39 (1994), 343-357.

M. Sharlemann and A. Thompson, Thin position for 3-manifolds, Contemporary Math. vol 164 (1994), 231-238.

A. Thompson, Thin position and the recognition problem for S^3, Mathematical Research Letters 1 (1994), 613-630.

参考図書

★位相幾何学一般について勉強したい方
『現代数学(6)　位相幾何学Ｉ』小松醇郎、中岡稔、菅原正博著（岩波書店）

★位相空間論については
『位相空間』（近代数学新書）野口広著（至文堂）

★パイワンや他の位相不変量について知りたい方
『近代数学講座　位相幾何学』河田敬義、大口邦雄（朝倉書店）

★４次元の幾何学については
『４次元のトポロジー』松本幸夫著（日本評論社）

★ポアンカレ予想についての解説書としては
『ポアンカレ予想物語』（数セミ・ブックス）本間龍雄（日本評論社）

「あとがきにかえて」の参考文献

単行本としては出版されているものはなく、すべて雑誌に掲載されたものです。研究者の方には、役立つと思います。

W. Jaw and U. Oetel, An algorithm to decide if a 3-manifold is a Haken manifold, Topology 23 (1984), 195-209.

索　引

【数字・アルファベット】

1次元の空間　104
1次元のスフエア　82,92,115,160
1次元のボール　81,92,137
1次元のユークリッド空間　81,92
2次元　93
2次元多様体　99
2次元の空間　104
2次元のスフエア　71,104,115,148,160
2次元のボール　82,92,160
2次元のユークリッド空間　82
3次元　93,98
3次元球面　245
3次元シェーンフリーズの定理　237,245
3次元多様体　88,247
3次元のオープンボール　76
3次元の空間　99,103,138
3次元のスフエア　12,115,145,147,152,159,160,162,166,167,170,177,215
3次元の多様体　78,86,87,107
3次元の閉多様体　145,185,246
3次元のボール　70,74,104,106,115,148,160
3次元閉多様体の素数　243,244
3次元ユークリッド空間　77
4次元　97
4次元の空間　98
4次元のボール　115,147,148
4次元のユークリッド空間　97
4色問題　139,235
4面体　247
4面体の情報　235
L(2　1)　177,181
L(p　q)　178
χ(F)　248

【あ行】

明らかでないハンドル　232
明らかなハンドル　232
アッペル　235
アレキサンダー　66,245
アレキサンダーの手品　189,236,240
アワの入ったボール　223,237,239,245
位相　94,233
位相幾何学　94,233
位相不変量　106,177
イレデューシブル　227
インコンプレッシブルな曲面　221,229,233
円周　82
円板　82,92,115
オイラー標数　246,248
オーテル　223
同じ　73,187,250,251
オープンボール　76,86,90
オールモストノーマル　223,224

【か行】

偽　41
球面の判定　208,251
球面判定のアルゴリズム　221,223,227
球面を捕まえ易い状態　235
境界　237,239,249
境界の個数　249
境界の点　87,247,249
極小曲面の理論　225
曲面　249
曲面の分類　250
空間　46
空間の座標　47

クネーザー 245
クネーザーの定理 239,241,244
クラインの壺 99
結論 41
コセットテーブル 205

【さ行】

座標軸 47
三角形の相似条件 251
三角形の分類定理 251
ジェイコ 223
時間 98
ジーナス 75
ジーナス0のヘーガード分解 172
ジーナス1 75
ジーナス1のトーラス 162
ジーナス1の（標準的）ヘーガード分解 167,170,181
ジーナス2のヘーガードダイヤグラム 173
ジーナス3のソリッドトーラス 191
ジーナス3のトーラス 158
ジーナス3の（標準的）ヘーガードダイヤグラム 183,215
ジーナスnのトーラス 233
ジーベンマン 145
射影空間 99,101
集合 51,55
集合族 55
集合論 50
条件 41
証明 41
真 41
真偽 41
数直線 30
スフエア 71,76,172
性質H 228
性質I 228
性質K 239,243,244
積分 53
線形 138
線分 81
素な多様体 228,236,240,243,244
ソリッドトーラス 74,78,106,158,168,170

【た行】

多様体 12,77,80,84,177
直線 104
定義 37,39
定理 41,189
手品 189
同相 12,73,92,145,177,250
凸レンズ 177
ドーナッツ 74
トーラス 66,74,158
トンプソン 225

【な行】

内部の点 87,247,249
ノーマルな曲面 235
ノーマルな曲面の理論 225,227,235

【は行】

場合分け 235
背理法 41,42,57
パイワン 12,67,106,108,145,152,176,202,210,221
ハーケン 221,227,236
ハーケンの手法 251
判定問題 221
ハンドル 192
ハンドル数 241,243
ハンドルボディ 192
反例 41,146
反例を挙げる 41,146
標準的ヘーガード分解（ダイヤグラム） 167,170,215
フェルマーの大定理 139
フォックス 229
フォックスの定理 229

負の数 26
部分集合 55
ブーン 235
閉多様体 146,150,152,180,191
平面 104
平面の座標 45
ヘーガードダイヤグラム 168,175,181,182,185,192
ヘーガード分解 167,200,208,245
ポアンカレ,アンリ 110,111,153
ポアンカレ,レイモン 111
ポアンカレ予想 139,144,147,154,180,191,207,241
ポエナル 145
ボール 70,78
ボールの表面 71
ホーンドスフエア 66

【ま行】

マイナスの数 28
マルコフ 221
向き 197
向き付け 96
向き付け可能 248
向き付け不可能 248
結び目 91,102
結び目理論のシンポジション 225
命題 41
メビウスの帯 95,101,248
メリディアン 170,172
メリディアンディスク 197,210

【や行】

ユークリッドの互除法 226
要素 51,55

【ら行】

ルビンシュタイン 225
ループ 152,176,197,199,205
レンズ空間 178,181,246
ロンリチュード 171,172

【わ行】

和集合 55

発刊のことば

科学をあなたのポケットに

二十世紀最大の特色は、それが科学時代であるということです。科学は日に日に進歩を続け、止まるところを知りません。ひと昔前の夢物語もどんどん現実化しており、今やわれわれの生活のすべてが、科学によってゆり動かされているといっても過言ではないでしょう。

そのような背景を考えれば、学者や学生はもちろん、産業人も、セールスマンも、ジャーナリストも、家庭の主婦も、みんなが科学を知らなければ、時代の流れに逆らうことになるでしょう。

ブルーバックス発刊の意義と必然性はそこにあります。このシリーズは、読む人に科学的に物を考える習慣と、科学的に物を見る目を養っていただくことを最大の目標にしています。そのためには、単に原理や法則の解説に終始するのではなくて、政治や経済など、社会科学や人文科学にも関連させて、広い視野から問題を追究していきます。科学はむずかしいという先入観を改める表現と構成、それも類書にないブルーバックスの特色であると信じます。

一九六三年九月

野間省一

N.D.C.415　258p　18cm

ブルーバックス　B-1322

ポアンカレの贈《おく》り物《もの》

数学最後の難問は解けるのか

2001年3月20日　第1刷発行

著者　南《みなみ》みや子

永《なが》瀬《せ》輝《てる》男《お》

発行者　野間佐和子

発行所　株式会社講談社

〒112-8001東京都文京区音羽2-12-21

電話　出版部　03-5395-3524

販売部　03-5395-3626

製作部　03-5395-3615

印刷所　(本文印刷)豊国印刷株式会社

(カバー表紙印刷)双美印刷株式会社

製本所　有限会社中澤製本所

定価はカバーに表示してあります。

ISBN4-06-257322-9(科)